《石庆鹏制笔艺术六讲》编委会名单

顾　问：梁明院

主　编：石庆鹏　管世俊

副主编：郭　拓　冯　谦

撰稿人：管世俊　冯　谦　施晓婷　刘　云

石慶鵬

制笔艺术

六讲

石庆鹏 管世俊 编著

广陵书社

图书在版编目（ＣＩＰ）数据

石庆鹏制笔艺术六讲 / 石庆鹏，管世俊编著. -- 扬
州：广陵书社，2014.8
ISBN 978-7-5554-0130-8

Ⅰ．①石… Ⅱ．①石… ②管… Ⅲ．①毛笔－制造－
中国 Ⅳ．①TS951.11

中国版本图书馆CIP数据核字(2014)第178524号

书　　名	石庆鹏制笔艺术六讲
编　　著	石庆鹏　管世俊
责任编辑	邱数文
装帧设计	葛玉峰
图文制作	吴加琴
出版发行	广陵书社
	扬州市维扬路 349 号　　　邮编　225009
	http://www.yzglpub.com　E-mail：yzglss@163.com
印　　刷	无锡市长江商务印刷有限公司
开　　本	889 毫米 ×1194 毫米　1/16
印　　张	10.75
版　　次	2014 年 8 月第 1 版第 1 次印刷
标准书号	ISBN 978-7-5554-0130-8
定　　价	198.00 元

序

郭海鹏

　　读了由中国制笔大师石庆鹏先生主编的《美在人间永不朽——扬州毛笔》一书，倍感欣喜。这是一本中国毛笔制作技艺的翘楚之作，史料翔实，论述清楚，语言平实，图文并茂，且装帧精美，文化品位较高。这本书对深入了解扬州毛笔传统技艺具有指导意义，值得业内人士一读。同时，又获悉石庆鹏先生近期编著的《石庆鹏制笔艺术六讲》即将出版，我依然继续支持石庆鹏编辑出版《石庆鹏制笔艺术六讲》一书，并为该书作序。

　　人类在不断前行的同时把自己创造的精神财富留在遗产里，这种遗产就是文化遗产。文化遗产分为两类，一类是物质文化遗产，一类是非物质文化遗产。物质文化遗产是有形的，看得见摸得着，并且以物为载体；非物质文化遗产是无形的，活态的，以人为载体。毛笔制作技艺就是一种依靠人的口传心授而世代相传的非物质文化遗产。《石庆鹏制笔艺术六讲》最难能可贵的是将往昔传承的口传心授技艺用文字记录下来，并将那些只可意会而不可言传的东西描述得十分清楚，以利今后的保护、传承和发展。

　　石庆鹏大师对制笔的钟情和痴迷，非常人可以做到。这本书的出版正值他从艺 50 周年，别具一番意义。石庆鹏是当今毛笔制作技艺的优秀传承人，他早年师从朱恩华和朱仲山，习得传统制笔的精髓，出师后努力钻研各家之长，融会贯通，自成一派。为适应时代的发展，他特地去高校进修，基于传统的基础上大胆创新，恢复了一些工艺繁难的毛笔的制作；他苦心经营江都国画笔厂，至今仍以扬州水笔为坚守品种,抛开赚钱的行业,以生产油画笔的利润来贴补扬州水笔项目,此举被称为"以富养本";他召集技艺精湛的老师傅,努力培养徒工,甚至免费收徒;他经常奔走于各大活动现场,把传承、保护和发展扬州水笔看成一项崇高的事业。在他的带动下,江都现存的许许多多制笔艺人和作坊都发动了起来,组成了一支传承与保护扬州水笔的生力军。在《扬州毛笔》书中,详细介绍了一些江都毛笔的制作企业和民间艺人,给读者留下了深刻的印象。书中还披露了在未来的十年里,将对扬州毛笔实施有效保护的规划,有具体的目标、任务,有切实可行的保障措施,可以预见扬州毛笔可持续发展的前景良好。我们希望在当地政府的组织领导下,能够进一步整合资源,团结和调动社会各个方面的力量,为弘扬中华民族这一优秀传统文化作出新的更大的贡献。

历史上,毛笔与书画关系十分密切,毛笔因书画而兴,书画因毛笔而盛。据悉,石庆鹏还将编写一部普及读物《毛笔与书画》,以与上两本书形成系列。此书若能将毛笔与书画之间的关系说清楚,会具有很强的实用价值,为拓展毛笔的传播和应用领域也不无裨益。

长期以来,人们习惯于将"笔墨纸砚"统称为"文房四宝",它们之间共同构成了中华民族特有的一种相互依存、相互关联、相互促进、相互影响的传统文化系列。明代学者苏易简有一部著作叫做《文房四谱》,分别介绍了笔墨纸砚的制作方法,但对它们之间的相互关联性涉及不多。如今,对古代文房四宝的审美价值有一个再认识的过程,如何将传统文化与现代文明相结合,如何在继承传统的基础上有所创新和发展,都是值得研究的课题。我们期待着制笔大师们在毛笔文化的研究上不断向纵深发展。

2014 年 7 月 4 日

（作者系中国文房四宝协会会长）

序

朱福烓

　　用于中国书法和中国绘画创作的笔墨纸砚文房四宝，笔是占第一位的。笔是书写和勾勒的工具，更是艺术表现的重要手段。特别就书法而言，书法的线条美，黑白分布的形式美，使转变化的力的美，表现书家强烈个性的风格美，都靠书家对笔的运用来完成和表现，可以说，没有毛笔就没有中国的书画。当我们用到一支得心应手的笔，提按顿挫，挥洒自如，充分发挥"书法之妙，全在运笔"，而得到一种创作的快意和美感的时候，会不由自主地对优秀的制笔工艺家产生敬佩和感激之情，他们不仅为艺术创作提供了最好的表现工具，而且他们精湛的技艺，本身就是一种艺术创造。

　　古往今来，我国制笔名家辈出，推陈出新，各有千秋，为书画家称道不已。在当代制笔高手的群星璀璨中，扬州的石庆鹏先生是最为杰出的一位。

　　石庆鹏先生少时起即师从渊源有自的制笔世家学习制笔技艺，得到了传统制笔技法的真传。后来在书写工具的改变，毛笔市场低靡的情况下，为了使制笔的传统技艺不至于弱化或失传，石先生毅然以远大的眼光，以传承保护文化遗产为己任，组织流散的有经验的制笔艺人，鼎力撑持这份摇摇欲坠的制笔行业。后来随着改革开放的发展，文化事业的复兴，石先生创办了江都国画笔厂。生产与培育人才并重，逐步营造了一种欣欣向荣的景象，以其优良的种类繁多的毛笔制品，名扬国内，流传国外。

　　其间最孜孜不倦的，是石先生对制笔技艺的执著追求。石先生有深厚的传统制笔功底，有一手过硬的功夫，这是最基本的。但石先生不满足已有的经验，不墨守成规，随着社会的发展和毛笔用途的广泛，石先生在制笔的选材、加工、工艺改进、修理方法上不断追求新的超越，在新材料的运用上也有新的发现和突破。在他的指导与带动下，笔厂的制笔质量和品种不断升华和丰富，成为独具风格的流誉人口的名品。

石先生在师古而不泥古，创新而有本源的思想指导下，还对一些失传的制笔工艺进行了大胆的探讨和尝试，使其恢复了新的生机，这种存亡继绝的行动，使他赢得了广泛的声誉。

石先生之所以取得了如此不凡的成就，这是和他对文化的追求和自身素质的提高紧紧联系在一起的。他不是把制笔生产看着是一种手工产业，而是视为倍加珍重的文化事业来严肃对待。他曾经毅然放下手中的工作，到清华大学美术、艺术系进修，并以优良的成绩结业，从这里可以看出他对事业的抱负和不懈的进取精神。石先生获得了众多的荣誉，绝不是偶然的。

前些时出版了由石先生主编的厚重的作品《扬州毛笔》，以严谨的态度和宽阔的胸怀，对扬州毛笔的历史和现实作了较全面的总结和公正地介绍，受到社会上广泛的好评。现在这本书是石先生几十年来制笔经验和心得体会的论述，有理论，有实践，平实深刻，真切感人，而又别具慧心，对切磋交流技艺，推动制笔事业向更高层次迈进将产生切切实实的效果。既具实用性，又具可读性，相信会受到制笔者和用笔者的普遍欢迎。

2014 年 7 月

（作者系扬州著名文史学者）

目　录

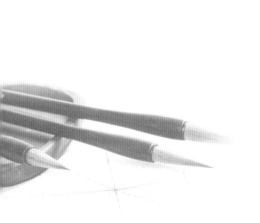

咬定青山不放松

——石庆鹏制笔艺术概述

扬州水笔是中国毛笔制作的四大流派之一，曾以其"麻胎作衬，涵水不漏"的精湛技艺，在旧时代养活了千家万户，毛笔制作是整个江都花荡地区数代人的记忆。但随着人类文明由农耕文明向现代工业和商业文明转型，古代的文房制品逐步被方便的现代书写工具取代，人们对古老文化也逐渐疏远，毛笔制作这门技艺正在逐渐衰落，面临走向消亡。

石庆鹏作为扬州毛笔制作技艺项目代表性传承人，深感身上背负着沉甸甸的使命，因为他所传承的不仅仅是智慧、技艺和审美，更重要的是一代代以此赖以生存的先人的生命情感，通过这些情感让人们活生生的感知到古老而未泯的灵魂。他想保护这种祖先留下来的文化遗产，为此他年近七旬却仍在奔走，为了能让这项技艺传承下去，想尽一切办法，耗费一生心血。

石庆鹏是一名制笔艺人，是一个草根书法家，是一个企业的掌门人，是严厉的师傅，更是非物质文化遗产的传承人。但无论他是什么样的身份，都跟毛笔有着千丝万缕的联系，无论做什么事情都离不开毛笔，无论说什么样的话题最后总能绕到毛笔上，他是当之无愧的"笔痴"。他所守护的不仅仅是为之奉献一生的毛笔事业，更是整个江都花荡地区一代人的"精神家园"。

石庆鹏的执著

石庆鹏初学制笔是被逼上梁山的，那年他十七岁。上世纪60年代初，国家刚过"三

青年时的石庆鹏

年困难期"，是吃饭最紧张的时候，家中一度吃了上顿没下顿，又因人口众多，上有姐姐，下有弟妹，他是家中长子，必须要担起养家的重任。那时候年幼的石庆鹏只知道能有份工作就万幸了，没有选择，而在当时，农村的孩子能进工厂当工人，是一件了不起的事。那年，他家里人托关系、"走后门"，将他送进了村里的光明毛笔厂当学徒。他回忆说："才到厂里，心里很忐忑，看厂长脚上有泥，就小心翼翼的给厂长端洗脚水，怕厂长不要我。直到有人帮我说话，厂长没再追问，心才放下来。"

花荡地区世代制作毛笔，石庆鹏拜的师傅是当地顶尖的制笔师傅朱恩华和朱仲山，两位是任氏制笔的第八代传人，石庆鹏是第九代。扬州文化素以精致、细腻著称，扬州水笔也不例外，仅制作工序就有120多道，繁琐程度可想而知。因此，要学起来，也颇为不易。石庆鹏身上天生有一股不服输的劲，进厂后，

他暗暗给自己定下来目标："一定要做到最好。"为了达成这个目标，他每个工序都挑最好的技术操练，别人休息他练习，别人练习他更刻苦，经常一天练下来身上衣服全都湿透了。他也时常反思自己："我为什么没有别人做得好，我不比别人差，什么地方做得还不够好。"

如果说夜以继日练习技术是对身体的磨练，那么对生漆过敏则是对心理的捶打。才开始学徒，笔杆和笔头粘结用的是生漆，石庆鹏经常会中毒。中毒会出现两个症状，一是舌苔发淡，没有味；二是皮肤出现红点，一抓就流脓，脓流到哪里就感染到哪里。最严重的时候头脸发肿，舌苔肿到饭也不能吃，到医院打吊针也不管用，只能采用血液移植法治疗，即从静脉中把血抽出来，再从臀部打进去。当时的石庆鹏对生漆恨之入骨，总觉得这是个火坑，想跳出去。在一年学徒中，他至少中毒四个月，厂里学徒三年，在家休息一年，生漆是他学徒期间最大的灾难。即使是这样，石庆鹏也从未想过要放弃，秉着"干一行，爱一行"的原则，既然做，就要做到最好。他从不向别人诉苦，在厂里沉默寡言、性格内向、喜怒哀乐不形于色，只是默默地把事情做到最好。

靠着坚韧的意志和精湛的技术，石庆鹏很快就在厂里崭露头角。当时在光明毛笔厂厂房里有五排工作台，技术最牛的坐第一排，石庆鹏一开始几个月坐在后面，很快就调到了前排，这在当时是不易的，毛笔界都是论资排辈，要有资格和技术才能坐前排。学徒需要满三年并且做一万五千个笔头才能出师，石庆鹏只做了一万两千个笔头，提前半年就

出师了,直至现在这都是石庆鹏的一大骄傲。

扬州水笔众多繁琐的制作工序,需要的不仅仅只是技巧上的熟练和娴熟,更多的需要用心去掌握,其中一些制作技艺,无法用器械替代,全凭手感、舌感和目测来操作。石庆鹏很善于钻研,不同类型笔的制作各不相同,点、横、竖、撇、捺之间的刚柔、转折、枯润对笔的要求也各不一样。制笔艺人只有深刻地了解毛笔的书写感受才能做出符合要求的笔。所以每一支毛笔生产出来,制笔艺人都需要

亲自试笔。石庆鹏是一位草根书法家,既没有上过专业的院校,也没有名师的指点,他靠着对毛笔的了解和执著,一笔一笔,自成一家,他的字一如他的人,坚韧、浑厚、大气。从做这个行业开始,石庆鹏想的就是怎么把技术学好,怎样让自己更强,怎样才能发展出一番事业,一路执著而坚定地走下来,这时候的石庆鹏更多的是忠于内心的感受,只有练就一番好技术才会有将来,此时的他是个敢闯敢做,坚定执著的年轻人。

天地人和

甲午仲夏庆鹏

石庆鹏的艰辛

石庆鹏制笔技艺精湛，然而他并不满足于只做一名传统的手艺人，他的心里一直有着让扬州水笔做大做强的梦，而实现这个梦想的第一步就是开办属于自己的厂。1982年，在众人异样的目光中，石庆鹏从江都毛笔厂辞职单干。起初他还有一点犹豫，是父亲临终前的一番话，坚定了他的信念。父亲说："你有本领，你去做手艺挣钱，挣更多的钱，血汗钱，万万年。把你的手艺做好，长处发挥出来，做些生意，站得住，天经地义，一辈子不会吃苦头。"

开办工厂并不像想象中的那么简单，作为投资人兼员工，首当其冲遇到的难题就是资金紧缺。办厂之初只有910元本金，花60元搭了像"兔子窝"一样的厂房，他回忆说："当时有个孩子要来学徒，他家里买了六车砖头准备盖房子，我就先借过来用。没钱盖房

与国家一级编剧，诗人，著名书画家苏位东先生合影

顶,就用草铺。开窗户要增加费用,就用篾子加塑料布挂在外面,这是最原始的作坊。"关于这个作坊还有个故事,其时,著名书画家、剧作家苏位东先生还在江都工作。他用了石庆鹏制作的毛笔,感觉很好,便慕名前来寻访,到了地点却找不到厂房,请别人指路,才发现旁边的一间茅草屋便是,看到地上满地鸡在跑,随口说:"这不是厂,这是鸡窝。"勉强进得屋来,顿时眼前一亮,满屋堆满了精致毛笔。采访后苏先生写了篇有感而发的文章"鸡窝里飞出了金凤凰",所以有时石庆鹏也戏称自己的第一个厂叫"鸡窝"。

其二是订单问题,办厂之时,正值改革开放刚刚开始,许多单位都是受计划经济控制,想找一笔生意很难,常常需要四处找订单。谈起当初跑业务的艰难,石庆鹏既怀念又感慨,他说:"有一次骑车去杭集找一个业务主管,清晨出发,到达目的地后主管临时有事来不了,我一直等到下午五六点才回来,到家已经天黑了。那里很偏僻没有摊点,也没有饭吃,整整饿一天,但是因为等到了这个人,接到订单很兴奋,根本不觉得饿。"

其三是送货问题,忙的时候为了按时把货送给对方,他需要亲自出马。那时候的路并不好走,石庆鹏骑摩托车经常要穿过桑树田,如果遇到小河,需要一直等到有人帮忙搬过去。有时送货早上还是晴天,突然就下雨,急急忙忙把货用塑料布包好,自己遭雨淋却并不在意。如此400公里的路,他曾骑车往返5次,那辆摩托车也因为他的业务几年跑了十万公里。

最初为了生存,石庆鹏和他的工人们,通过朋友介绍,做了十年湖笔的代加工。

与日本友井幸雄先生研究书法

创业初期,石庆鹏与厂里的业务骨干们

漫漫长路没有磨灭石庆鹏的斗志,却更加激发了他的潜能。在这些年中,石庆鹏对毛笔的加工力求完美,出厂的每一支笔都由他亲自把关,从未出现过一起因质量问题退货的事,精湛的技艺和完美的产品为他赢来了自己的客户和订单。当时,一位日本客户慕名来到江都,找到他的小笔厂。看到他的样品,想全部都买走,石庆鹏看到了里面的商机,把每种产品的样品都免费提供给他。20多天后,这位日本人又回到了石庆鹏的工厂,不为公司,而是自己来跟他谈生意,第一笔就是15万元人民币的订单。多年合作与相处,两人已成为十分要好的朋友,当年的日本商人早已经退休,他的儿子依然在和石庆鹏合作,至今已二十多年。从那时起,工厂里的效益开始好转,规模也越来越壮大。石庆鹏的厂就是在他的努力经营下从120元到1100元再到一万、十万、一百万、五百万……慢慢地逐渐壮大起来的,厂房也从原先的"鸡窝"到1985年的二次厂房改建,再后来陆续新建、扩建才有了今天的占地8亩、建筑面积达3000多平方米的规模。

建厂二十年庆典

石庆鹏的技艺

石庆鹏能够熟练掌握扬州水笔的全套工艺流程和制作技艺。进厂三年后,石庆鹏已是制笔师傅中的佼佼者,江都抽调各笔厂的精英去江都毛笔厂时,刚刚出师的他被点名,借调了过去。当时,他和上海的一位技师吴安林在一起做,石庆鹏跟吴安林相互学习了十年,他把跟吴安林一起的十年称之为"深造"。在光明毛笔厂期间石庆鹏学习了毛笔的基本制作

建厂二十年工人队伍

技艺，但是调到江都毛笔厂后学习的是国画笔的制作技艺，是一个全新的挑战。"它山之石，可以攻玉"，这期间，石庆鹏如饥似渴地学习各种毛笔的制作方法，直到离开这个厂，他已经能够熟练掌握全国各流派，甚至包括韩国以及日本毛笔的制作方法。

石庆鹏融合了各家流派的特点，形成了自己独特的制笔艺术。石庆鹏制作的扬州水笔选料考究，工艺严谨。在选料配比上，近年来石庆鹏一直致力于研究尼龙毛在毛笔中的运用，笔分为软毫、兼毫、刚毫、硬笔四种。尼龙毛刚硬，外表光滑，遇水则滴，而动物毛柔软，上有鳞片，能够含住大量的水分，将这两种不同性质的材料按一定比例混合，以满足不同书画家的理想追求，则是他的目标。在

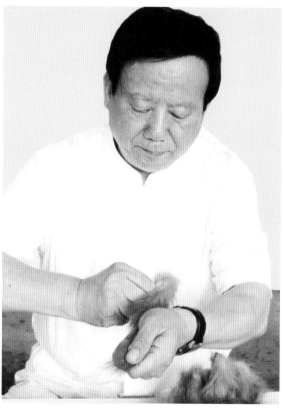

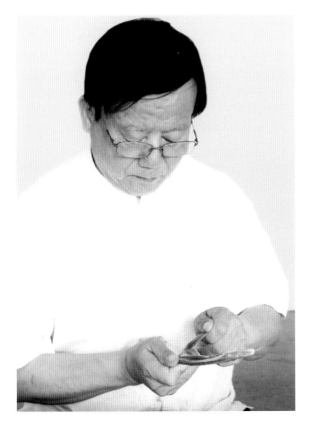

毛料捆扎上，把各种不同动物毛做成统一造型极其困难，一支毛笔有好几种动物毛，一个动物毛身上有几十种形状的毛，每种毛捆扎起来的形状都不一样，有的上粗下细，有的上细下粗，要制作出一个统一的形状，需要高超的技术。制作毛尖粗细、长短、老嫩以及锋状均有讲究，工艺细致而富有韵味。在动物毛脱脂技术上，他吸收了日本的脱脂方法。传统的脱脂技术是用石灰水浸泡，但石灰水含有大量的有害物质，通过这种方法处理的毛会受到严重的伤害，轻者尚能用，重者腐蚀过重，失去光泽、脱毛、易断、失去柔韧性，达不到理想的书写要求。经石庆鹏研究改良后，

不用化学成分，而采用 40 目或 60 目稻壳烧成灰，以鹿皮垫稻壳灰恒温搓揉，动物毛上的油脂会遇热自动脱落。"湘江一品"毛笔为扬

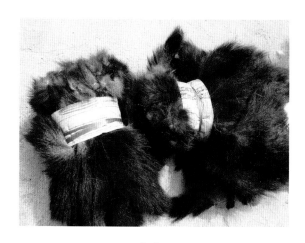

灰鼠尾

家养貂尾

黄鼠狼尾巴

雄鸡颈毛

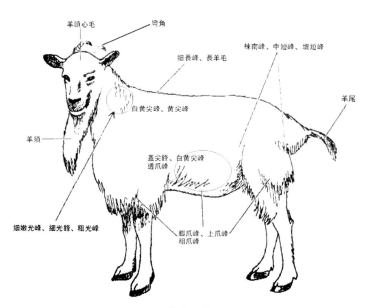

羊的原料图

主原料

　细嫩先锋，出于长江中下游地域正宗土种弯角山羊，体重 12kg—15kg，无阉割交配史。食天然草。锋头达 3.5mm 以上的无弯曲大寒毛，春夏仔当年大雪后收采。需卫生，营养丰盛，及采收季节到位。约万羊只选一支笔料毛，可谓是千万毛中捡取一毫。目前最好的羊种在 1‰ 左右。

州水笔的代表作，人称"笔中之王"。石庆鹏于传承中创新，采用"湘江一品"毛笔的制作方法制成了"宫廷一品"毛笔。此笔选用我国东北山海关以北山林地域野生黄鼠狼尾巴上的阳面毛为主要原料，雄柱雌披；同时采用鹿毛细嫩光锋为辅料，深选细理，用40目稻壳灰加温搓揉脱脂，再用60目稻壳灰加热搓揉，使之不腻爽滑有光泽，刚柔相济，经久耐用。

随着城市化进程的加快，社会的高速运转，经济的逐步发达，人民大众生活早已解决温饱问题，人们需要的是不仅在物质上得到高度满足，在精神生活上也追求较高的审美享受。如何利用传统的或创新的毛笔制品，经过继承、创新和转化，使之适应现代的生产和生活，是当前迫切需要解决的问题。为提高自己的专业技能，2005年10月参加中国轻工总会和中国文房四宝协会组织文化交流团赴台湾参加海峡两岸行业交流。2008年石庆鹏赴北京清华大学美术、艺术系进修。在丰富自己的同时，他将传统美学引入高档毛笔的造型、装潢设计之中，使其文化品位不断提升。扬州毛笔制作笔头与笔杆都同样讲究，相得益彰，再配以合宜的笔架，俨如一副完整的艺术品。以致有爱好者购之专为鉴赏装饰用，平添几分书卷气。高档水笔还冠以典雅的笔名，既点明该笔的特点，又令使用者品味良久。

这一系列的学习、钻研和借鉴使石庆鹏的制笔艺术形成了独特的风格，所制之笔技艺精湛，带水入套，吸墨丰满，涵水不漏，刚柔并济，宜书宜画，经久耐用，功能显著，韵味浓郁，兼具实用、观赏和收藏价值，被业内的专业人士称之为"妙笔生花"。

参观台湾砚博物馆

参加首届清华大学中国文房
四宝高级艺术人才研修班

在台湾参观学习

在台湾棉纸厂考察

原全国人大常委，轻工业联合会会长、党组书记陈士能先生为江都市国画笔厂题字

参加首届清华大学中国文房四宝
高级艺术人才研修班

聆听李燕教授解疑释难

石庆鹏清华大学结业证书

石庆鹏在人民大会堂

石庆鹏的喜悦

2008 年，相关部门找上门来，动员石庆鹏牵头为扬州水笔"申遗"。当时听到这个消息石庆鹏非常高兴，毫不犹豫就答应下来了。在他看来，毛笔制作曾经是个辉煌的行业，现在却濒临灭绝，如果国家能够重视，对扬州毛笔的发展将会有很好的促进作用。为此，他精心筹备，三年时间"三级跳"，接连登上市级、省级、国家级"非遗"项目名录，而他也荣获国家级制笔艺术大师称号，并分别被命为市级、省级、国家级"非遗"项目代表性传承人，这在扬州众多"非遗"项目及传承人申报中属孤例。

这些荣誉为扬州毛笔的推广奠定了很好的基础，为了更好的发展，石庆鹏经常学习研究如何制作更精致的毛笔。2011 年，他耗时数月，做了一支 2.53 米长的巨型毛笔，取名"中华笔魁"，堪称亚洲第一巨笔。重达 40 公斤，可一次性吸墨 10 公斤，其展示功能优于应用功能，具有强烈的视觉冲击力。他还做了一支天价毛笔，毛笔由楠木盒装，上面雕刻"双龙戏珠"。笔杆由纯象牙制作，由工艺美术大师微雕了 8000 个汉字，需用放大镜才能看清楚，观赏者无不为之震撼。

这两支笔都不是进入市场的商品，其鉴赏和收藏价值远远大于使用价值，更多的含义是希望能借此唤醒全社会对扬州水笔这一非物质文化遗产的关注和保护。为了扩大传播，自 2006 年以来，每逢文化遗产日、扬州烟花三月国际经贸旅游节、国际运河名城博览会等大型活动，石庆鹏均积极参与其中，向人民群众现场展示和传播扬州毛笔制作技艺。

中华笔魁

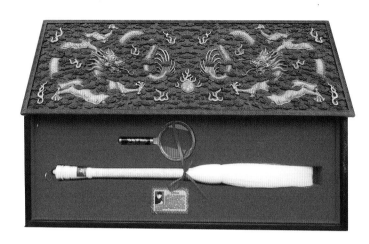

双龙戏珠毛笔

石庆鹏大师在南通参加江苏省"非遗"精品展

石庆鹏大师在扬州东关文化街区演示毛笔制作技艺

在扬州展示扬州毛笔制作技艺保护成果

在人民大会堂当选为中国文房四宝协会副会长时合影（第二排右七）

相关报纸对"扬州毛笔"的报道

向华建敏副委员长、陈士能部长介绍作品

与陈士能部长、郭海棠会长在人民大会堂合影

他参与创建扬州市非物质文化遗产展示馆，并为该馆无偿提供若干扬州毛笔精品，以供陈列，并提供相关资料进行现场讲解。多次与扬州媒体合作，在电视、报刊上宣传扬州毛笔制作技艺。2006年当选中国文房四宝协会副会长后，更是利用参加各类行业协会活动的机会向他们推介扬州毛笔制作技艺，最大程度地争取社会各界对保护该项遗产的关注和支持。

在石庆鹏及其同仁的共同努力下，江都国画笔厂生产的"龙川牌"扬州毛笔系列于1996年全部通过国家检测并合格，同年十月在澳门荣获"国际金奖"；于2000年被国家评为"国家名牌产品""中国十大名笔"；2002年后又两次获"国家金奖"，三次获国家"国之宝"称号。

让石庆鹏高兴的是，在他和同行们的积极努力下，扬州毛笔受到了各级政府、社会各界以及广大人民群众的关注，甚至有人从外地开车过来，就为买他的毛笔。他所做的毛笔无论是在文化品位上还是在制作技艺上，无论是在外形上还是在经久耐用上，都上升到了艺术的高度，他撰写的《论扬州水笔》论文也被编入《中国文房四宝精粹传承大典》一书。石庆鹏把全部的精力都投入到这项事业中，为制笔技艺刻苦钻研，为扩大传播不断奔走，为行业的明天殚精竭虑。

石庆鹏大师在传授扬州水笔制作技艺

石庆鹏的忧思

"人无远虑，必有近忧。"石庆鹏的技艺日趋精湛，企业逐渐成长，影响越来越广，一切都向着好的方向发展。可他脸上没有一丝自得，似乎仍有什么事情在困扰着他。他自己也说："别看现在一切都发展的很好，那只是暂时的，还是有很多隐性问题，不容忽视。"石庆鹏既憧憬着这个行业的未来，又时刻存有几分担忧。

一忧传承人青黄不接。主要有两个原因：一是毛笔制作工序繁难，没有十几年的工夫无法做出真正精良的笔，他说："现在做毛笔的人不多了，在扬州，真正能做扬州水笔的，100 个笔工中连 5 个都挑不出来。"厂里能够完整做出水笔的人并不多。石庆鹏已经年近古稀，下一代的接班人至今还没有落实，他的内心非常着急。为此，他花费大量的力气培养技师，只要是培训工作他都会亲历亲为。以前带徒都是师傅讲、徒弟学，但在他的厂里，常年挂着一块黑板，毛笔加工的细致步骤都写在黑板上，隔段时间便更新一次，他对初学者更是苦口婆心地讲，手把手地教。培养技师是一个颇为艰辛的过程，其中有些是从徒工开始，一步一步带过来十分不易，有时候培养出来的人才可能会因为各种原因离开。尽管如此，他还是毫无保留地将自己数十年的经验技术传授给每一位工人，对其耐心细致地指导，有时候甚至还会严厉地教育一些不用功的工人，但这一切都是希望工人能够快速成长，期待毛笔制作技艺后继有人。早在前几年，他就一再表示愿意免费带徒，近几年来，他悄悄地带了几个嫡传弟子，并解囊资助，为他们解除后顾之忧，就是希望能够带出一批真正的扬州水笔传承人。目前，石庆鹏的女儿也跟随父亲学习做毛笔，石庆鹏的班可能交给女儿，也可能交给比女儿技术更好的人。提起女儿，石庆鹏很骄傲地说："她现在的技术在我们厂里还算是不错的，至于将来如何还要看她自己的造化。"二是随着工厂的不景气，厂里员工的大量流失，做这行工人的工资普遍偏低，他的厂最多时候有 100 多人，而现在只有二三十人。有一部分是年龄大了做不了，更多的是年轻人转行了，厂里所能给予的待遇并不高，受到多种因素的限制，吸引不了更多的人才，而现有的也多人心躁动。就在采访的前一天，车间里面有一位老师傅离职了，他跟这位师傅说："要是其他毛笔厂开出的条件比我好，那你去我不拦你；要是其他厂里员工跳槽到我这边来，也一定要经过那边领导的同意；如果你自己有能

石庆鹏女儿石玉花在制作水笔

力要办毛笔厂,那我一定支持你。"说这些话的时候,石庆鹏尽管面带笑容,但不难看出他心在滴血。无论他怎么劝说,那位师傅还是离开改行了。最近,他准备再次去找日本客户谈判,要求提高工价,他向员工保证说:"只要能够涨价成功,赚到的钱我一分都不要,全部留给工人。"通过提高工资待遇或能留住更多的老师傅,石庆鹏使出浑身解数来克服后继无人的问题,体现了一名制笔艺人对这个行业热爱。

二忧扬州水笔市场的难以逆转。石庆鹏的订单,95%以上都来自日本,但随着国内原材料价格不断上涨,工人工资不断增加,以及国外关税的加大,毛笔的制作成本在不断提高,利润也越来越低,周围的一些毛笔厂很多都倒闭了。而当时油画笔的生产形势一片大好,很多人都转行做起了油画笔。石庆鹏也可乘此机会转型改行,因为做油画笔并不需要复杂的技术,很多都可用机器加工,很轻松地赚钱,并且做1支毛笔的

时间,能做500到1000支油画笔。其实,石庆鹏做油画笔是为了"以副养本","副"是油画笔,"本"是扬州水笔,用生产油画笔所赚的利润来补贴扬州水笔的传承与发展。行业中,做油画笔的其他厂家发了,而石庆鹏的油画笔尽管做的别人家好,但石庆鹏却在清贫中不忘自己的"守土"之责。扬州水笔已经成为了他日常生活中不可或缺的一部分,深深地刻入了他的骨血。

这是一个二次创业的时期,他所做的每一个决定都举步维艰。作为一名制笔艺人,他钟情于扬州水笔,怀揣着发展壮大扬州毛笔美好的梦想,无论是学徒时的辛苦还是创业的艰辛无不是为了这个梦想而努力。作为一个企业的领导者,他所做的每一个决定都必须对跟着自己三十多年的员工负责。想推广扬州水笔,但订单来了却不敢接,要算了再算,看看究竟有多少利润。在国内毛笔市场上,一些省份的价低质次的毛笔充斥市场,这种无序竞争给扬州水笔的健康发展

带来了沉重的打击。石庆鹏的毛笔大多销往国外,在国内占有的市场份额并不多。扬州毛笔制作技艺虽然精湛,但远没有达到家喻户晓的境地,有很多书画家并不知晓。再者水笔的概念和市场上很多外来的办公用笔相混淆,很多人并不知道扬州水笔究竟是什么。物质生活充裕的今天,人们更注重精神上的修养,国家正在大力推广书法教育。教育部下达通知要求中小学开设书法课,越来越多的老年人也开始学习书法修身养性,毛笔市场前景一片大好。对此,石庆鹏除了注重笔的装饰性和实用性之外,更开展了一系列传播推广活动,扩大扬州水笔的知名度,最大程度地去占领市场。

三忧原生态材料日渐稀少。据石庆鹏研究,中国境内约有800多种哺乳动物,其中身上长毛的约有300多种,真正能用来做毛笔的,只有30余种。宣笔用的是兔毫,湖笔用的是羊毫,北京的毛笔用的则是狼毫。而扬州的水笔兼具南北方的特点,狼、兔、羊三种动物毛都有。现今,全球气候变暖,适合做毛笔的动物毛越来越稀少。毛的锋颖都是在数九大寒天的时候长出来,动物在寒冷情况下,怕冷,全身紧缩,毛孔收缩,会生长出针尖一般的锋颖,只有这种毛才能做毛笔。如今,好的锋颖越来越少,只能找人工的替代品。

石庆鹏的梦想

面对如此严峻的问题,石庆鹏并没有显得灰心,谈起对未来的梦想,他整个人仿佛都发着光。心中的蓝图早已规划千万遍,"老骥伏枥,志在千里",明知有的理想这辈子都难以实现,却依然乐此不疲。

麂子皮和九江狸皮

香狸尾

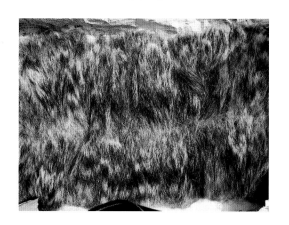

石獾毛

野生猪鬃

野生貂尾

"如果我有100亩地,30亩种植孔麻,剩下的都用来放养各种动物,再也不愁没有好原料,那该有多好。"这是石庆鹏的理想之一。扬州水笔的核心技艺是"麻胎作衬",但环境恶化和工业化的扩张,使得孔麻的种植面积日益减少,野生孔麻几乎快要绝迹。目前石庆鹏厂里的动物毛都从别处购买,通常不易买到满意的原料。现代的加工养殖厂为了贪图利益,在动物还未成年就随意宰杀,导致出产的毛料远远达不到制作精品毛笔的要求。"巧妇难为无米之炊",即使技艺再好,没有好材料也难以加工出精品,只有将原材料供应牢牢掌握在自己手中,才能解决好扬州水笔未来发展的后顾之忧。

"如果政府能够建立集保护、演示、传播、研究于一体的保护基地,分工明确,各司

其职,何愁未来。"这是石庆鹏的规划。目前,江都区政府已经将江都国画笔厂定位为扬州毛笔的传承保护基地,但现有的保护基地并不具备演示、传播和研究的功能。石庆鹏一人身兼数职,有时难免力不从心。有专业研发团队,有专门推广人员,有功能齐全的展示大厅,一直都是石庆鹏努力的方向。

"如果能够培育市场,占领更多的市场份额,扬州水笔一定会有更广阔的天地。"这是石庆鹏的雄心。"其实,日本只有一亿多人口,每年就从中国购进了两千多万支毛笔,中国的人口是日本的数倍,按这个数字算下去,毛笔的需求量是巨大的。"石庆鹏兴奋地说:"国家也在倡导全民练习书法,我只要能够开发出整个市场的一部分,那也是一个巨额数目。扬州水笔丝毫不比湖笔、宣笔差,甚至比他们还要优秀,这样优质的产品就是要让更多的人知道。"说到开心处,石庆鹏甚至手舞足蹈,喜悦之情溢于言表。

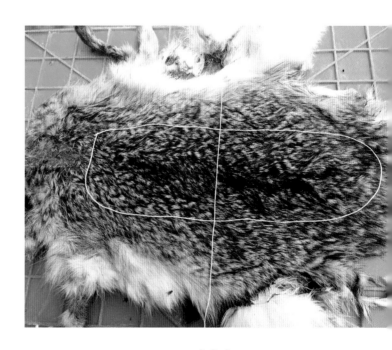

淮兔皮

"如果能够建立阶梯式传承人队伍，使扬州毛笔代有传人，毛笔制作将无失传之虞。"这是石庆鹏的希望。通过身怀绝技的老艺人，发挥他们的"传帮带"作用，结合外培内修等方式，培养新一代的制笔艺人。他一直想建立"扬州毛笔文化会馆"，以文会友，邀请全国有名的书画家来此交流，这样就可以吸引更多的有识之士前来加盟。有了良好的前景，扬州水笔就不会没落。

只要一说起梦想，石庆鹏就陶醉不已。平时紧绷的他在这个时候总是格外的柔和，平时寡言少语的他在这个时候总是滔滔不绝，平时内敛的他在这个时候自信和神圣感都溢于言表，仿佛天地间唯有做毛笔是最大的享受，仿佛只有谈论这个话题才是最大的放松。

石庆鹏的身上不仅装载着执著、艰辛，承载更多的是身为传承人的责任和义务。

作为非物质文化遗产传承者肩负着三重责任：既获天赋，善而用之，不负于天，为扬州毛笔的传承与发展做出贡献；日常所行、所思、所感，与常人无异，或有裨益，或有遗害，需事事反省；所行、所思、所感，要用心提炼，以作精神素材，提升精神境界。作为非物质文化遗产传承者，不应该为行乐而苟活于世，既有要命在身，不可无所事事，虚掷光阴，而应用于背负精神重任。他觉得，只要自己现在身体健康，就应为毛笔事业多做些贡献。

石庆鹏的事业、情感、梦想都和毛笔紧密相连，毛笔辉煌他开心，毛笔衰落他忧思，毛笔崛起他所愿，毛笔的跌宕起伏代表他所有的情绪，毛笔就是他的全部，毛笔就是他的人生。

管世俊　施晓婷

江都国画笔厂

第一讲　毛笔起源说

笔的含义比较宽泛,凡是用来写字绘图的工具都可以称之为"笔"。其表现形式多种多样,人们称刺绣是"以针代笔"、剪纸是"以剪代笔";画家随手从树上折取一枝,在泥地上作画,是"以树枝代笔";手指蘸墨在纸上作画,是"以指代笔"。无论何种形态,笔是心与物的传播媒介。

而毛笔是笔的一种特殊样式,是以各种毛发或纤维集束成笔头,粘结在笔管一端,用于书写绘画的中国最古老的书写工具。作为中华民族文化活动中的独特创造,毛笔的形制和工艺的流变,大致可以分为四个阶段。战国以前毛笔的笔头固定工艺简单,选料配比也很单一;秦汉时期工具有了进步,笔头固定工艺基本确立,选料也有了发展;到了晋唐,制笔工艺进一步改革,根据书画家的需求,材质选料上出现了长锋毛笔,并根据实用的需求,出现了以缠纸法为主的制笔工艺;宋以后选料更加广泛,可用多种动植物毛料,更出现了"无心散卓法"的工艺。

毛笔的笔头和笔管之间粘连方式和笔头的选料配比一直处于不断变化和完善的过程,这种不断取舍的过程,它的意义不仅仅在于一种手工制品本身,更在于它作为中华民族本于自身的生活方式,在文化创造上所做出的富于智慧的选择。毛笔的材质、工艺到

长锋毛笔

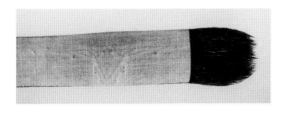

缠纸笔

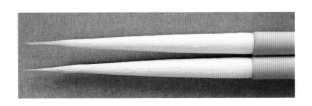

无心散卓笔

形制及其使用方式中，处处蕴涵着中华民族丰富的内涵和精神。

——

文房四宝，笔居其首。笔，是中华民族传统文人文化的象征物。古时，上至天子，下至庶人，无不用笔来表达文思。汉时，学者杨雄对笔十分推崇，认为"笔有大功于世也"，唐时，柳公权规劝穆宗曰"用笔在心正，心正则书正"，更有南朝梁国纪少瑜"梦笔生花"的传说，可见笔在古人眼中备受尊崇。

中国毛笔已有数千年的历史，关于毛笔最早出现的时代，有不同的说法，大多数人认为毛笔最早出现于新石器时代，有专家认为"从考古出土的实物来分析，比较成熟的毛笔应出现在新石器时代。尽管至今尚无实物出土，但我们从一些原始绘画的线条柔和、转角和收角处往往留有劈开的岔道，同一线条又

扬州广陵王汉墓里出土的汉代竹简上，毛笔书写的文字清晰可见

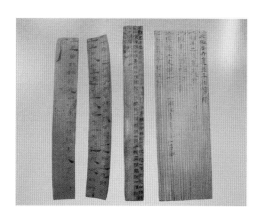

西汉·木牍

新石器彩陶

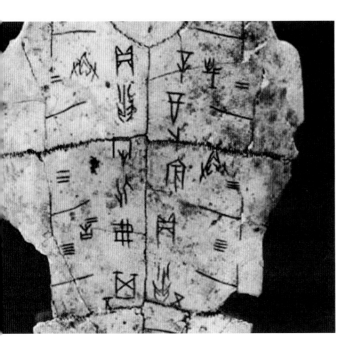

商代甲骨文

年》中写道："用朱或墨写了未刻的文字，笔顺起迄，笔锋收敛，十分清楚，因而可以断定，殷代写字确实用精良的毛笔。"这段话说明，商代人们的日常书写中已经使用毛笔。这点，在出土的龟甲、兽骨片上，发现有用毛笔朱书的实物为证。但这一时期，笔的形状究竟如何尚无实物可见。

目前我国发现的最早的毛笔实物，是1954年在长沙市左家公山，发掘出土的战国毛笔。这支毛笔，套在一支小竹管里，竹杆粗0.4cm，杆长18.5cm。据制笔的老技工观察，认为此笔是用上好的兔箭毛制成，长2.5cm，制法与现在有所不同，它不是将笔毛插在笔杆内，而是将笔毛围在笔杆一端，用丝线缠捆，外涂一层生漆。这支埋入地下两千多年的毛笔，被称为"战国笔"。又由于长沙古属楚国，这支世界上最古老的笔，又被称为"楚笔"。又有在湖北荆门楚墓出土一支用苇做的笔，笔长约3.5cm，径约0.7cm。所不同的是，这支笔的笔头被夹在劈分的杆中间。

这两支笔的出土说明，早在战国之前，笔头固定工艺有两种，一种是将毛围在笔杆一端，一种是把毛夹在笔杆中间。而把毛从笔杆外端纳入到笔杆内里则是制笔工艺进步的一个重要的里程碑。

毛笔虽然在战国时已被广泛使用，但是并没有统一的名称，战国时的楚国笔是沿用殷商甲骨文中的名称"聿"，吴国则称"不律"，燕国称"弗"，秦国才称为"笔"。东汉许慎著《说文解字》中有"楚谓之聿，吴谓之不律，燕谓之拂，秦谓之笔"的记载，及至秦统一六国后，开始规范名称曰"笔"。

有粗细变化等现象中可以看出，绘画的工具应该是一种柔和的纤维"。也有学者认为"毛笔在甲骨文时代还没有成为主要的书写工具。因此发明毛笔的时代距战国应该不会太遥远。如果早在新石器时代就已用毛笔绘画，则商朝应该很自然地、熟练地用毛笔书写甲骨文，可事实并非如此"。

其实这两种观点是站在不同的角度上看问题，并不矛盾。新石器时代壁画或彩陶上的纹饰线条有粗有细，可以认为此时的绘画工具是一种软纤维，但这种绘画工具随意性居多，可能只是手抓纤维直接绘图，并无固定的形制。而甲骨文时代，在甲骨上书写文字，则需要纤细的笔头和抓笔的杆，这里所说的书写工具，至少需要两种材料，并且将这两种材料结合，用以书写，有固定形式。

无论毛笔的起源何时，早在商代甲骨文中就已经出现了笔的象形文字，其样式类似于手握笔的姿势，董作宾先生在《甲骨学五十

二

秦代，是毛笔的革新时期。毛笔作为直接书写的工具已经有了大量的应用，而战国毛笔原始的加工方法使得笔头中空，容易出现分叉的现象。因此，这一时期对毛笔的性能要求逐渐提高。

虽然很早之前，已经出现了毛笔的雏形，但从古至今的业内艺人们都不认可，他们认为到秦国才出现真正意义上的"笔"。晋代崔豹《古今注》有云："蒙恬始造，即秦笔耳。以枯木为管，鹿毛为柱，羊毛为被。所谓苍毫，非谓兔毫竹管也。"亦有《庄子》证云："舐笔和墨。"蒙恬将当时已普遍使用的竹管和兔毫做了改良，以枯木为笔杆，以鹿毛为柱心，羊毛披于柱心周围，用麻线缠紧，涂漆加固。而

"鹿毛为柱，羊毛为被"，正是"披柱法"，所谓"披柱法"即选用较坚硬的毛作中心，形成笔柱，外围覆以较软的披毛。

据说，大将军蒙恬昔日在湖州善琏村取羊毫制笔，在当地被人们奉为笔祖。又传蒙恬的夫人卜香莲是善琏西堡人，也精通制笔技艺，被供为"笔娘娘"。蒙恬与夫人将制笔技艺传授给村民，当地笔工为了纪念他们，在村西建有蒙公祠，绕村而过的小河易名为蒙溪，蒙溪又成了善琏的别称。农历3月16日与9月16日是蒙恬和卜香莲的生日，村民们举行盛大敬神庙会，以纪念他们的笔祖，相沿成习。

蒙恬之所以能在业内配享两千多年香火，是因为他极大地改良了战国笔蓄水量少，分叉的弊病。采用"披柱法"制成的毛笔含

蒙恬堂

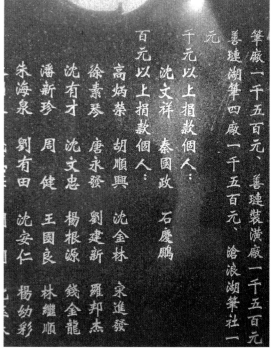

石庆鹏捐助的功德碑

水量多,笔头遒劲,适于快速并且大量书写。他奠定了笔头制作的基本形制,并且这种的模式至今仍在沿用,成为我国毛笔制作基本工艺方法之一,在制笔史上意义特别重大,以致后辈艺人只知"蒙恬造笔"也。其实,蒙恬只是毛笔制作工艺的改良者。清代大学者赵翼在《陔余丛考》中所说:"笔不始于蒙恬明矣。或恬所造,精于前人,遂独擅其名耳。"蒙恬并不是笔的发明者,但他的制笔工艺精于前人,并且秦代一统六国之后,是以蒙恬制笔技艺得以不断流传和扩大。

1975年,湖北云梦睡虎地,秦始皇三十年墓出土了三支毛笔,笔杆竹质,上尖下粗,镂空成腔。这三支出土的实物有两项重要价值,一是表明秦时已有将笔杆一端掏空,笔头纳入空腔的制作方法,这在技术上又是一大进步,并且这种空腔固定笔头的技术,一直沿用至今。二是毛笔杆的上尖下粗说明在秦时已有"簪笔"现象。

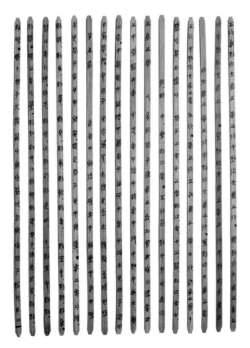

云梦睡虎地竹简

东汉著名文学家、书法家蔡邕画像

汉时,造纸术的发明和发展,对毛笔的形制提出了更高的要求,毛笔的选料和制作技艺都有了进一步的发展,并且出现了专门论毛笔制作的著作,蔡邕的《笔赋》,对毛笔的选料、技艺和功能都做了评述。

1957年和1972年在甘肃武威磨嘴子东汉两墓中先后出土刻有隶书"白马作"和"史虎作"的毛笔,1985年,江苏连云港汉墓中出土了毛笔,其中有一枝毫长4.1cm,有2cm嵌入管内。1979年,扬州汉广陵王刘胥夫妇的合葬墓中在南门题凑和北门题凑以及王后墓中的木牍发现大量的墨书文字,木牍上竖行隶书:"六十二年八月戊戌徐资(宾)息予食宰(宰)兹长君钱三百子月。"字迹清晰可辨,书写劲健有力。从上述大部分的出土实物可知,汉代笔头和笔杆的粘结方法仍然沿袭旧制,但将笔毛的一半纳入空腔中,增加笔尖的弹力,从而形成了短而粗的形制。

汉笔与秦笔相比有三大发展,一为笔头选料已经十分丰富。王羲之《笔经》说:"其

东晋著名书法家、"书圣"王羲之画像

制笔之法,有的以兔毫为笔柱,羊毛为笔衣,有的用人发梢数十茎,杂青羊毛并兔毫,裁令齐平,以麻纸裹柱根。"这段话表明选用各种动物毛等原料混合制笔,甚至有用人的发梢,软、硬兼用,可称为早期的"兼毫"。

二为重视笔管的选材、质地,装饰意味甚浓。据《西京杂记》载:"天子笔管以错宝为跗,毛皆以秋兔之毫,官师路扈为之。以杂宝为匣,厕以玉璧翠羽,皆值百金。"汉代皇帝的笔,笔管以宝石镶嵌,笔头皆为秋兔之毛,装笔的盒子也用杂宝纹和珠宝装饰,极其贵重。清代乾隆年间的唐秉钧在《文房肆考图说》卷三《笔说》中也说:"汉制笔,雕以黄金,饰以和璧,缀以隋珠,文以翡翠。管非文犀,必以象牙,极为华丽矣。"象牙笔管,黄金雕刻、翡翠、珠宝装饰,笔在此时已经不仅是书画的工具,笔杆的造型和装饰价值远超使用价值本身,成为一种身份的象征。王羲之批评这种过分的华丽装饰曰:"昔人或以琉璃象牙为笔管,丽饰则有之,然笔须轻便,重则踬矣。

近有人以绿沉漆管及镂管见遗,斯方可玩,何必金玉。"认为繁复的装饰使得笔笨重,真正贵重的笔轻便、适手、便于使用。

三为笔杆的直径和长度都有了一定增加,这与"簪笔"的发展有很大的关系。秦时已有"簪笔"现象,而到汉时簪笔已是普遍存在的一种现象。《史记·滑稽列传》对簪笔作了最早的记载:"西门豹簪笔磬折,向河立待良久。"西门豹弯腰簪笔,随侍帝君。后又有《汉书·赵充国辛庆忌传》:"初,破羌将军武贤在军中时与中郎将印宴语,印道:'车骑将军张安世始尝不快上,上欲诛之,印家将军以为安世本持橐簪笔事孝武帝数十年,见谓忠谨,宜全度之。安世用是得免。'"张世安凭借着簪笔服侍孝武帝数十年,而免于被杀的命运。由此可见,"簪笔"是官吏奏事时,把笔插于头上,方便记录之用,有实际用途。所以,这一时期笔杆长,笔尾尖。汉后,簪笔逐渐由实用向纯粹的礼仪形式过渡。崔豹《古今注·舆服第一》说:"白笔,古珥笔,示君

崔豹《古今注》书影

子有文武之备焉。"说明簪笔此时作为一种君子的象征,和后世折扇于文人一般,已不具备记事的实际功能,仅仅只是一种标志。此后,簪笔发展成为"簪白笔"。"白笔"指未蘸墨的新笔,以新笔作簪用,故名。《晋书·舆服志》:"笏,古者贵贱皆执笏,其有事则摺之于腰带,所谓搢绅之士者,搢笏而垂绅带也。绅垂长三尺。笏者,有事则书之,故常簪笔,今之白笔是其遗象。三台五省二品文官簪之,王公侯伯子男卿尹及武官不簪,加内侍位者乃簪之。"此时,簪笔已完全由原来的习俗演变为官员的簪白笔礼仪,文官执笏簪笔,武官不作要求。这时的簪笔,把原先的实用性远远地排除在外,已流于一种形式了。沈约《宋书》载:"有事则书之,故常簪笔,今之白笔,是其遗象。"

三

造纸术的发明使得竹简慢慢退出历史舞台,三国两晋时期,毛笔的制作工艺随之做出了修改和调整,为适应新的书写材料的特性,制笔工艺在毫毛的采选、配比、加工技术上有了进一步的提高。

三国时,魏人韦诞,有文才,善言辞,以笔和墨闻名当世,所制之笔世人称"韦诞笔"。北魏贾思勰在《齐民要术》中详细介绍了韦诞的制笔方法:"先次以铁梳梳兔毫及羊青毛,去其秽毛……皆用梳掌痛拍整齐,毫锋端本各作扁极,令均调平,将衣羊青毛,缩羊青毛去兔毫头下二分许,然后合扁卷令极圆,讫,痛颉之,以所整羊毛中截……复用毫青衣羊毛使中心齐,亦使平均,痛颉,内管中,宁随毛长者使深,宁小不大,笔之大

贾思勰《齐民要术》书影

要也。"从记载中可知,韦诞制笔以兔毫和青羊毫为主,以青羊毛和兔毛为笔柱。将铁梳梳毛、铁掌拍毛、调平整齐、合扁卷裹、分层扎匀、套入管中等笔头制作工序较为全面地表述出来,是最早的关于笔头制作完整的记载。

大书法家王羲之也熟知制笔法,其著《笔经》曰:"凡作笔须用秋兔。秋兔者,仲秋取毫也。所以然者,孟秋去夏近,则其毫焦而嫩。季秋去冬近,则其毫脆而秃。惟八月寒暑调和,毫乃中用。其夹脊上有两行毛,此毫尤佳。协际扶疏,乃其次耳。"又曰:"赵国平原广泽,无杂草木,惟有细草,是以兔肥,肥则毫长而锐,此则良笔也。"王羲之认为好的笔要用秋兔脊背上的两行毛,夏兔毛焦而嫩,冬兔毛脆而秃,只有赵国平原上的

秋兔毛长而尖锐,是制作毛笔的最佳选择。这两段记载表明,三国魏晋时期,毛笔的制作和选毛采料已极为讲究,做工复杂精细,在前人的基础上对毫毛有深刻的研究,积累了丰富经验。

当时,宜州溧水县中山(今江苏溧水、溧阳一带)和现安徽宣城一带,一直是出产名笔的地方。晋时曾有一笔,十分出名,唤作鼠须笔。唐人何延之《兰亭记》载:"修被褉之礼,挥毫制序,兴乐而书。用蚕茧纸、鼠须笔,道媚劲健,绝代更无。"表明王羲之写《兰亭序》用蚕茧纸、鼠须笔。这一提法一直为后人津津乐道,未有人表示怀疑。《书法要录》说:王右军写《兰亭序》用的就是鼠须笔,鼠须笔笔锋强劲有力,世传钟繇、张芝皆用此笔,但王羲之觉得秋兔笔更得心应手,鼠须笔虽然

难得,但不一定好用。传闻也未必可信,但鼠须笔在当时珍贵有名是真,鼠须笔毫硬,弹性强,适合写劲挺而秀媚风格的书体。

唐代,社会经济文化繁荣,毛笔制作也进入鼎盛时期。制笔过程中工艺的改进和毫毛采选的讲究,既促成了毛笔特性的提高,也使隋唐的制笔业在魏晋南北朝时期的基础上有了较大发展,更加兴盛。

这一时期毛笔的演变和制作产生了两点新的变化。

一是因为唐笔的锋短,过于刚硬,故蓄墨少而易干枯,于是又发展出了一种锋长精柔的笔。长锋笔比短锋笔更为柔软,不同的书画家对笔的选料和笔锋长短以及软硬有不同的要求,欧阳询、虞世南都喜欢用紫毫笔,欧阳通则更喜用狸毛为柱,兔毫为披的毛笔。晚唐,柳公权不喜用短锋笔,他认为笔锋要长,笔径要小,书写方能做到"点画无失,洪润自由。"长锋笔的出现为书画家的创作带来了无限可能性,同时也创造出唐代书画纵横洒脱、浑厚大气的风格。

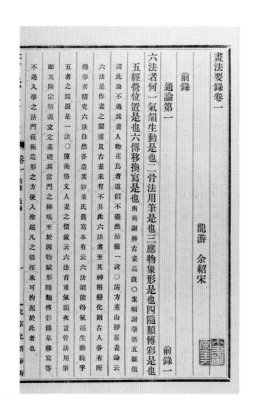

《书法要录》书影

二是为了实用的需要，人们不断地改善毛笔的形制。缠纸法就是其中的一种，其构造是用帛连接捆扎两个笔头，目的在于固定笔根，塑造笔形及更换笔头。李阳冰《笔法诀》称："夫笔大小、硬软、长短或纸绢心、散卓等即各从人所好。用作之法，匠须良哲，物料精详。""纸绢心"即为缠纸法，是制笔的一种重要方法。王羲之《笔经》云："以麻纸裹柱根，欲其体实，得水不胀。"意思即在于用麻纸包裹住笔根，得到笔的形状，纸可以吸收多余的水分，使水不至于滴下来，又可保持笔形，不至于过多吸水而膨胀，利于书写。缠纸法的产生可能是为了塑造毛笔圆锥形体，人们不得不借助外在的手段，也可能是在印刷术尚未普及的时代，抄写量巨大，为了节省成本，人们不得不经常性更换笔头。

唐朝，宣州是当时的制笔中心，所制之笔无不深受名仕推崇，并且每年都要向朝廷进贡贡品。白居易《紫毫笔》诗曰："紫毫笔，尖如锥兮利如刀。江南石上有老兔，吃竹饮泉生紫毫。宣城之人采为笔，千万毛中选一毫。"诗又曰："每岁宣城进笔时，紫毫之价如金贵。"说明了宣笔主要以兔毫制作，千万毫毛中取其一，制作精细，笔锋尖如锥利如刀，十分名贵。紫毫笔中以"鸡距笔"为最，因其形制似鸡爪后面突出的距，故称"鸡距笔"。白居易《鸡距笔赋》称："足之健兮有鸡足。毛之劲兮有兔毛。就足之中，奋发者利距。"鸡足劲健有力，紫毫鸡距笔笔头短而富有弹性。除了贵重的紫毫笔外，还有用婴儿的胎发来制笔的，唐代诗人齐己有诗赞曰："内唯胎发外秋毫，绿玉新栽管束牢。老病手疼无那尔，却资年少写风骚。"

当时制笔名家有黄晖，擅长制作"鸡距

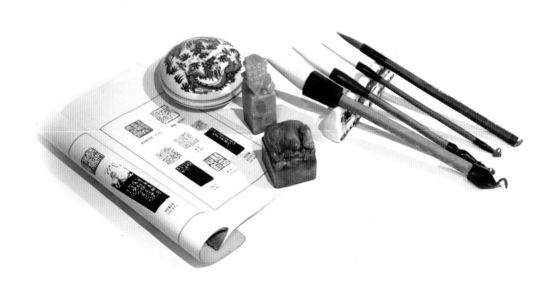

笔"，相传他的制笔方法得自蒙恬；陈氏，相传陈氏制笔特别为当时书法家喜爱，王羲之曾写过《求笔帖》向陈氏之祖求笔，书法家柳公权也曾求过；诸葛氏，制笔以一种或两种兽毛参差散立组合而成，经久耐用。

四

战国至两汉时期则是早期家具的第一个兴盛期，出现了配以屏风、幄帐的矮式床、榻和筵席，以及与之相应的几、案等共同组成的席地起居家具的基本格局。当时人们的生活习惯是坐、跪于地，持笔多为悬腕。由于生活习惯，劲健有力的笔头更适于书写。到了唐宋时期，由原先席地而坐的筵席等矮式家具逐渐过渡为垂足而坐的桌、椅、凳、墩等高座家具。书写姿势发生了变化，或可悬腕或可肘抵桌面。与此同时，这一时期写意画颇为风行，对笔头力度的要求逐渐下降，蓄水多

的软毛笔更适合表现，笔的形制也受到了较大的影响。无论从毛笔的种类还是制笔工艺上都有了较大的发展，制笔工艺趋向虚锋、散毫，于是唐代出现的散卓笔在宋代颇受文人喜爱。

1988年，在合肥城郊宋墓中出土了五支毛笔，笔杆均竹制，最长笔心6.2cm，露出管外的笔头为2.8cm，最短的毛全长5.1cm，露出管外为1.9cm。残存的笔心，有麻纤维丝的成分，可知为长锋柱心笔；1975年，江苏省金坛县南宋墓中出土毛笔一支，笔头长2.8cm，这些出土毛笔表明长锋笔在宋朝是较为盛行的。

宋时，除长锋笔盛行外，还出现了一种新的形制称为"无心散卓笔"，以前用"披柱法"所制之笔，书写楷书、行书得心应手，但并不适用于作画，无心散卓笔就是针对这种情况制作出来的。所谓"无心"即省去

《石林避署录话》书影

了柱心的加工，直接选用一种或几种毫料，捆扎成较长的笔头，嵌入空腔中，其笔毫约长半寸，藏一寸于管中，此法所制之笔根基牢固、久用不散、蓄水量多、书写流畅，一支笔可抵其他几只笔使用。《石林避署录话》曰："笔盖出于宣州，自唐惟诸葛一姓，世佳其业。嘉佑、治平间，得诸葛笔者，率以为珍玩。熙宁后，世始用无心散卓笔，其风一变。"可见使用无心散卓笔后书画风格发生改变。这种无心、长锋、笔头深埋的形制，是对长锋笔的一种改良，标志着制笔技术的又一次重大变革。

宋代有诸多的制笔世家，首推诸葛氏。诸葛氏制笔世家横跨唐宋两代，最初从其制作精良的"三副"而著称，梅尧臣曾将家乡宣笔赠于欧阳修，欧题《圣俞惠宣州笔戏书》诗云："宣人诸葛高，世业守不失，紧心缚长毫，三副颇精密。硬软适人手，百管不差一。"诸葛世家擅制散卓笔，所制之笔软硬适中，百余之笔各不相同。苏东坡对诸葛氏笔偏爱有加，

有《书赠孙叔静》云："今日于叔静家饮官法酒，烹团茶，烧衙香，用诸葛笔，皆北归喜事。"但这里所说的散卓笔为"有心散卓笔"。黄庭坚《林为之送笔戏赠》："阎生作三副，规摹宣城葛。任渊注：'三副'，栗尾、枣核、散卓，皆笔名。"可见诸葛世家擅长的三副笔与散卓笔为不同类型，现代人们称"散卓笔"一般代指"无心散卓笔"。

到了元代，宣笔的地位逐渐被湖笔取代。原因有二：其一，元代，山水画中刚劲的线条、激烈的斧劈皴法逐渐被抒情写意画取代，这种绘画要求所用之笔锋软硬适中，弹性适宜且蓄水量大。因此，宣州的硬毫笔已经不能适应元代绘画的发展了，而长锋羊毫笔为主的软毫湖笔得到广大文人的喜爱。其二，宋室南迁，政治文化中心也随之南迁，大量的制笔名匠迁往湖州。这一时期，湖州不但笔工多，而且声名显著，制作工艺精良。所制作之笔有"尖、齐、圆、健"四德。《文房肆考图说》对此解释曰："尖者，笔头尖细也。齐者，于齿间轻缓咬开，将指甲揿之使扁排开，内外之毛一齐而无长短也。圆者，周身圆饱湛，如新出土之笋，绝无低陷凹凸之处也。健者，于纸上打圈子，绝不涩滞也。"

明清制笔，不仅讲求实用，毛笔制作精致多样，更加讲求欣赏性。这一时期紫毫、狼毫、兼毫、长锋羊毫一应俱全，当时笔头选用毫料多达数十种。笔头选料主要有兔毫、羊毫、狼毫、豹毫、猪鬃、胎发等数十种。明代陈献章创制了一种以植物纤维为原料的笔头，称"白沙茅龙笔"。明代仍以紫毫、狼毫占据主流，清以后则羊毫更多。明清时期，受

建筑空间增高的影响,大幅立轴行草书盛行,要求笔的形制更大更长,出现了楂笔、斗笔、对笔、提笔、楹笔等大型笔,也有一些专用以作工笔画的小型笔。毛笔的笔头形状也有所变化,除了传统的竹笋形、兰花蕊形外,湖州创新出葫芦形的笔样,有的笔头还利用毛色的不同而做出色彩层层变化的效果。

明清时期,笔杆的选材和装饰也极为讲究,除传统的竹管和木管外,更有以金、银、瓷、象牙、玳瑁、琉璃、珐琅等制成的笔管。杆身精雕细琢,使之成为一件艺术品。不过明代装饰质朴大方更符合人体工程学,十分精练,具有端庄、敦厚的特点。而清代则繁缛华丽、雕琢精致、技艺精绝,使人赞赏。这一时期,经济发达,满足基本实用需求之后,这种对笔杆的材质和装饰的要求,反应了当时人们普遍追求美的意识,由技而艺。传世品中较著名的有明嘉靖彩漆云龙管笔、明万历青花缠枝龙纹瓷管羊毫笔等。

明清时湘笔与湖笔并驾齐驱、相互竞争、共存共荣。"百花齐放、百家争鸣"的局面适应了不同书法家对不同笔的需求,随着毛笔种类和性能的丰富,社会经济的逐渐稳定和文化艺术的发达,出现了一些以地区为中心的名家与流派,使明清书画的风格呈多样化态势。

第二讲　毛笔流派及扬州水笔

毛笔,是中国最古老的书写工具,是华夏五千年文明的重要组成部分,是中华民族珍贵的文化遗产,至今仍然以其独特的风格在世界文化艺术宝库中独树一帜。如今,古代毛笔实物难以寻觅,毛笔制作技艺作为一种活态文化,对其保存和保护更具重大历史文化价值和不可替代的意义。

毛笔的形制一直处于不断地变化和改善的进程中,在大浪淘沙的演变下,因其风格差异大致可以分为南北两派,有"南羊""北狼"之称。所谓"南羊",是指代表江南风格的羊毫笔,主要用于书写;"北狼"即专供作画的北方狼毫笔。又因其地域差异形成了人们所熟知的中国毛笔四大主要流派,分别是安徽宣笔、浙江湖笔、扬州水笔和北京李福寿毛笔。

不同流派的毛笔风格独特、各具特色,分别在中国毛笔发展史上留下了浓墨重彩的一

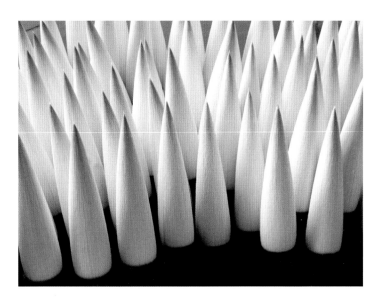

南羊毫笔

北狼毫笔

笔。各个流派在社会发展、艺术争论和创作实践中逐渐形成、发展和变化。每个流派都是艺术发展过程中的产物,在一定时期具有一定的影响力和号召力。

———

安徽的宣笔历史悠久,其最早可以追溯到公元前223年,据韩愈《毛颖传》记载,公元前23年,蒙恬南下伐楚时,途经中山,发现这里兔肥毫长,可以制笔,因此有"蒙恬造笔"之说。由于兼具天时、地利、人和等条件,宣笔代代相传,唐宋时期成为当之无愧的毛笔之冠。宋学者祝穆《方舆胜览》载:"宁国府领县六,治宣城。……土产:紫毫笔、红线毯、木瓜。"唐宋时期,宣笔已成为贡笔。自唐以来,文人对宣笔由衷的褒扬,热情洋溢,不绝于耳。宣笔起源于秦时,闻名于晋代,唐宋年间声誉大振,所以成为贡品和"御用笔"。究其兴盛的根源主要有三点:

安徽宣笔

首先,独特的地域性因素,是宣笔兴盛的首要条件。唐宋宣笔主要用兔毫制笔,其中以紫毫笔最为珍贵。白居易《紫毫笔》曰:"紫毫笔,尖如锥兮利如刀。江南石上有老兔,吃竹饮泉生紫毫。宣城之人采为笔,千万毛中择一毫"解释了紫毫笔贵重的原因。宣笔所用紫毫选自江南石山上的老兔,在千万根毛中选一根。优质的环境为动物的生存提供了良好的条件,所出产的毛是为上等好料。动物的生长具有较强的区域性,而古代工匠制笔也大多因地制宜,就是说"外在的环境"因素起到了决定性的作用。正如法国哲学家丹纳所说:艺术与环境从始至终相互契合……伟大的艺术的产生必然与伟大的环境产生同步,环境的好坏直接决定了艺术质量的好坏。宣城的毛笔在唐宋时被称为"宣毫",宣笔正是当地的能工巧匠利用地方的特色资源制作而成。

其次,能工巧匠的绝伦技艺是宣笔得以繁荣的保证。宣州笔匠以诸葛以及陈氏家族最为著名。邵博《闻见后录》记载:"宣城陈氏家传右军《求笔帖》,后世益以作笔名家,柳公权求笔,但遗以二枝,曰公权能书,当继来索,不必却之,果却之,遂多易以常笔,曰前者右军笔,公权固不能用也。"陈氏家传王羲之求笔书,柳公权也曾向陈氏求笔,可见陈氏制笔工艺之高超。

诸葛家族的手艺不但高妙而且薪火相传。从晋代到北宋,一脉相承,技艺的积累逐渐深厚,渐臻于顶峰。叶梦得称:"自唐惟诸葛一姓世传其业,治平、嘉祐前,有得诸葛笔者率以为珍玩。"可见当时人们以得到诸葛家族所制之笔为荣,视其为珍玩。黄庭坚有诗云："宣城变样蹲鸡距,诸葛名家捋鼠须。一束喜从公处得,千金求买市中无。"诸葛笔不但工艺极佳并且价格昂贵,有市无价。的确如此,到了宋代,宣城其他笔工的名声远远在诸葛家族之下,诸葛家族制笔不但选毫精到,而且制作工细。诸葛笔的工艺以软硬适宜,品质稳定,精致耐用著称。

最后,文人名仕推崇,使得宣笔成为馈赠佳品。薛涛献给元稹的《十离诗》称:"越管宣毫始称情,红笺纸上散花琼。都缘用久锋头尽,不得羲之手里擎。"称只有宣笔配得上自己的才思,字里行间无不表现出对宣笔的推崇。魏野曾送宣笔给成都判官刘大著,题诗曰:"宣城彩笔真堪爱,蜀色红笺更可夸。雅称风流刘大著,闲时题咏海棠花。"将宣笔与蜀笺同赠,确实为一种高雅的礼尚往来。宣笔又常常与名茶一起作为馈赠的高雅礼物,宋人李纲在给李泰发的书信中说:"某再拜承以日铸茶、宣城笔为贶,不胜珍感。建茗数品……谩将远意幸恕轻鲜也。"笔、笺、茶无不是高雅艺术的代表,将宣笔与这些礼品一同相赠,反映出当时文人特定的审美情趣,也可从侧面看出宣笔在当时的文人心中的地位极高。

宣笔是一种非常实用的文房用具,更是一种珍稀的工艺品。由于无心散卓笔的兴起,诸葛笔开始走向衰落。另外,由于天灾、战乱及政治中心的南移,宣笔不再占主导,被湖笔取代了它的主流地位。不过,元明以后宣城一带的制笔业仍然比较兴旺,并未销声匿迹。

湖笔

二

湖州毛笔简称"湖笔",是毛笔中的佼佼者,以制作精良、品质优异而享誉海内外,已成为毛笔的代名词之一。湖笔是浙江省著名的特色工艺品,与徽墨、宣纸、端砚并称为"文房四宝",是中华文明悠久灿烂的重要象征。由于其历史悠久,技艺精湛,所以有"毛颖之技甲天下"的美称。

元代是湖笔发展重要阶段,这一时期湖州取代宣州成为了全国的制笔重镇。《事物掌故丛谈》中云:"今笔以湖州所制之笔为最佳,故世称湖笔。然湖笔之闻名实始于元朝,前所未闻。"说明湖笔的兴盛始于元代,在其后长达千年的流传中一直兴盛不衰。

元人仇远称"浙间笔工麻粟多"。在元代湖州汇集天下能工巧匠,且家家户户农耕之余以制笔为副业,出现了"山下人烟如井邑,家家缚兔供文苑"的繁忙景象。冯应科是元代最著名的制笔大师之一,与赵子昂、钱舜举被同时誉为"吴兴三绝"。所谓"吴兴三绝"是指赵子昂的书法、钱选的绘画和冯应科的制笔。元人吴澄称:"坡公诧葛吴,蔡藻朱所褒。迩来浙西冯,声实相朋曹。"认为冯应科的名声可以和诸葛高以及蔡藻等人相媲美,反应出冯应科制笔成就相当之高。陆颖和冯应科一样也是杰出的制笔大师,书家解缙《题缚笔帖》称:"吾寻常欲作佳书,为传后计,非陆颖笔不可。"解缙的书一定要配以陆颖的笔,可见书家对其笔的推崇。

元代以后,湖笔持续繁荣。明代弘治《湖州府志》记载:"湖州出笔,工遍海内,制笔者皆湖人,其地名善琏村。"善琏村是湖笔的主要产地,素有"笔都"之称。善琏并不大,但是几乎家家户户会制笔,涌现出许多湖笔世家。相传王羲之七世孙智永禅师游善莲镇,住在镇上蒙恬祠侧的永欣寺,与当地制笔工匠经常切磋制笔技术。智永喜爱书法,他用败的笔头足足有五大竹箱,埋在晓园(名"退笔冢")。智永禅师圆寂后,笔工把他埋葬在"退笔冢"旁。

明代,湖州定期向朝廷贡笔,据明成化《湖州府志》卷八《赋税》载:明初湖州已经上贡笔料,岁办笔管共 13587 个,山羊毛 10 斤 5 两。数字表明当时湖笔进贡数量极多。和宣笔一样,湖笔成为了文人之间重要的馈赠物,为人们所青睐。明人高出《又荷美承惠湖笔赋谢》称:"紫毫远想湖州最,赤管疑从大府颁。"湖笔作为相互馈赠最佳的礼物,是为文人雅士所推崇。

清代湖笔渐渐以羊毫笔为主要的产品,兼及兔毫、狼毫、兼毫笔,这是清代湖笔最显著的特征。清人李调元《莲洲送湖笔》称:"谁

湖笔

把羊毫缚，吴兴笔匠缠。齐名毛颖传，合配薛
涛笺。行草随吾意，横斜岂汝愆。纵教俱老秃，
那及我衰年。"把羊毫笔与薛涛笺相齐名，足
见当时文人对羊毫笔已有了相当重视。比较
而言，清代关于羊毫笔的文献记载明显比元、
明两代多，这充分表明上层文人使用羊毫笔
的数量增加了，也说明湖州羊毫笔制作更加
普遍了。

　　及至今日，湖笔仍然兴盛不衰。北京的
戴月轩、上海的杨振华、天津的虞永和、杭州
的邵芝岩等笔庄，都是湖州人开设的，且都以
湖笔标榜。湖笔的工艺大致有以下几个特点：

　　其一，加工繁复。主要选用山羊腋下毛，
所取毫料须陈宿多晒，除去污垢，然后再根据
毫料扁圆、曲直、长短、有无锋颖等特点，浸于
水中进行分类组合，一般要经过浸、拔、并、梳
等七十余道工序，被誉为"笔中之冠"。

　　其二，分类精细。湖笔按其软硬有软毫、
兼毫、硬毫三大类近三百多个品种；按其品种
分羊毫、狼毫、兼毫、紫毫四大类；按大小规
格，又可分为大楷、寸楷、中楷、小楷四种。以

羊毫为例，传统上只择取杭嘉湖一带所产的
优质山羊毛，这一带的羊毫为上品，锋嫩质
净。笔工们将这些优质笔毛料，按质量等级
分类，分出"细光锋""粗光锋""黄尖锋""白
尖锋""黄盖锋"等四十多个品种。每一个品
种之下，还要再分出若干小类，其精细程度，
丝毫不亚于绣花。

　　其三，技艺精湛。湖笔，又称"湖颖"，颖
是指笔锋尖端一段整齐透亮的部分，笔工们
称为"黑子"，笔头上端显露出的一段整齐透
明的深色锋颖称之为"湖颖"，这就是善琏湖
笔"披柱法"呈现在毛笔上的独一无二的特
色，也是"湖颖之技甲天下"的内涵所在。这
种笔蘸墨后，笔锋仍是尖形，把它铺开，内外
之毛整齐而无短长。这一带的山羊，每只平
均只出三两笔料毛，有锋颖的也只有六钱。
一支湖笔，笔头上的每一根具有锋颖的毛都
是在无数粗细、长短、软硬、曲直、圆扁的羊毛
中挑选出来，具有尖圆齐健，毫细出锋，毛纯
耐用的优点。

三

明清时期，北京是政治经济文化中心，各地著名的书画高手云集，天下能工巧匠齐聚。这一时期，绘画风格多样，出现了以地区为中心的名家与流派，不同的画风与流派对毛笔提出不同的要求。仅用羊毫作画已不能满足多样性的需求，因此，逐步形成了具有独特风格的北京毛笔。在北京毛笔的竞争中，"李福寿"一脉渐成佼佼者。

"李福寿"毛笔的前身为一家老字号毛笔店，清末民初，李福寿的父亲在宣外骡马市开设了一间制笔的小作坊，俗称"水笔屋子"。李福寿自幼聪颖灵巧，受父辈熏陶，14岁时进入作坊当学徒，逐渐熟悉了制笔之术，便把小作坊取名为"李福寿笔庄"。50年代中期，李福寿笔庄实行公私合营，后统称北京市毛笔厂。1964年，北京市毛笔厂在东琉璃厂恢复了"李福寿笔庄"门市部，并设有书画室，一边倾听书画家的意见，一边请李福寿做指导，笔杆上仍刻有"李福寿精制""李福寿精选"等字样，保持着"李福寿笔庄"的传统工艺。1983年制笔公司将"李福寿"申请注册为商标，2001年北京制笔厂更名为北京李福寿笔业有限责任公司。

李福寿毛笔最初的扬名得益于他结识著名画家金北楼、齐白石、管平湖、汤定之等。金北楼把日本鸠居堂所制的笔交给了李福寿试制，李福寿很快制成几种画笔，画家们试用后，无不称赞。从此，李福寿笔庄名声大振，顾客盈门。李福寿能根据不同画家和画风的需求，改进制作工艺。他改进笔胎衬垫和原料配比制成的柳叶书画笔，颇受欢迎；根据管平湖擅长人物画，特意为他设计了衣纹画笔；根据李鹤、陈平湖等擅长花卉，特意设计了白云笔。

传承与发展是传统手工业发展两个永恒的主题，为适应时代需要，李福寿毛笔不但继承了李福寿的传统技艺，又不断改进创新，研制并生产出"赤龙""雪龙""乌龙""降龙""伏虎"，以及"披狼书画""山河壮丽""云海腾波""书画如意"等新产品。

除了生产传统意义上的笔外，还生产一些新颖特别的笔。大笔"经天纬地"，为世界之最，全长2.73m，笔杆长2m，笔头外露部分长53cm，重23公斤，一次可含墨4公斤；小笔有笔头如绣花针的描笔、眉笔，能书写蝇头小楷。更有受中外画家称道的"锦上绮霞"，这种笔笔头全部是用精选黄狼尾制成的，每一根狼毫必须有92mm长，而一根大黄狼尾最多只能选出几根。在三年中，从几十万条黄狼尾中才选制了10枝这样的笔，配上象牙的笔斗和笔杆，堪称笔中之宝。

李福寿毛笔丰满圆润、修削整齐、含墨量大，不但适应顺笔、逆笔、滚笔、点笔等不同画法，而且具有擦、点、勾的多种功能。而今李福寿虽已去世二十多年，但其制笔技术，被继承下来。"李福寿笔庄"已成为中国规模最大的毛笔出产厂家，不仅生产"北狼"，还兼生产"南羊"。其产品远销日本、东南亚等80多个国家和地区，因此李福寿毛笔在国外享有很高的声誉。

四

扬州，是一座有着2500年建城史的文化名城，历史上曾经出现过汉、唐、清三度繁盛，是历朝历代史上的文化重镇，有"扬一益二"之说。毛笔制作技艺的传入历史悠久，据《嘉庆重修扬州府志》云："扬州之中管鼠心画笔，用以落墨白描佳绝，水笔亦妙。"说明清代扬州已具有相当高超的制笔技艺。

扬州毛笔始于何时，已难于考证。旧时扬州市区及周边乡镇有多处较著名的笔墨店和制笔作坊，且江都的花荡、大桥、正谊、张纲、吴桥一带毛笔作坊众多，生产技术交叉授受，世代相传。据调查了解，扬州水笔制作有

李福寿毛笔

任氏老宅照片

两支谱系最为清晰,一支为任氏家族传承谱系,另一支为丁氏家族,这两支传承谱系既有联系又有区别。

任氏家族世居大桥镇,大桥镇是扬州的"制笔之乡",制笔传统历史悠久,相传有400多年,但具体起源一直未能考究。据老艺人们回忆,扬州水笔便是由任氏发明,现仍保存完好的《任氏家谱》表明,任氏家族已延绵数十代。又据任氏族人回忆,任氏家族原本也是豪门旺族,第79代孙任登岐曾于清乾隆庚申年(1740)任特选运漕副使。清初(1665),任家因擅长自制毛笔而闻名乡里,后家道中落,方以制笔为生。及至第80代孙任崇思(字文元),既做笔又开店,广收门徒,传授技艺,家人收藏有当初开店时用的"大桥任文元书柬"封印章一枚,迄今已有220多年。任氏第84代孙任世柏(已故),90多岁时尚能制笔,附近各镇制笔艺人皆是任氏家族传授的技艺。

新编《江都县志》载:"毛笔是江都的传统手工业产品,抗日战争以前,毛笔作坊主要集中在花荡乡任、桑二庄,百人以上的毛笔作坊有周玉山、任士强等七家。10人以上的有40多家,个体户上百家,从业人员1500人,成为江都毛笔的发源地、集散地。此后,制笔技术传到张纲的顾家桥一带,'丁氏二兄弟'笔作开业。1940年5月,双隆乡张胜荣笔作开业,从业人员在百人以上。其时,全县毛笔年产量在2000万支以上,主要销往上海老周虎臣笔庄。解放前夕,制笔业跌入低谷。"据查证,上述"周玉山"者,其实为朱玉山。无论是朱氏一脉,还是"丁氏二兄弟"一脉,都是任氏一脉传授的技艺。

目前,坐落在大桥花荡的江都国画笔厂是唯一保存着扬州毛笔完整制作技艺的单位。以石庆鹏为代表的一批任氏水笔传人们,仍在继续艰难地从事着扬州毛笔的生产和经营。

扬州毛笔原称扬州水笔,与安徽宣笔、浙江湖笔、北京毛笔齐名。所用的兔毫、羊毫和狼毫不同,扬州水笔兼具南北方的特点,属兼毫,笔毛中狼、兔、羊三种动物毛都有,并且以其麻胎作衬而独树一帜,享誉四百余年。在长达百年的传承中凸显了扬州水笔的几大特质:

其一,技艺精湛独特。水笔用麻胎制作,唯扬州有之。扬州毛笔也被称为"麻垫水笔",其涵水不漏,经久耐用的功能尤为显著。麻胎加工工艺是水笔的核心,也是最繁难之处,须经过选、绕、煮、洗、断、刷、切、梳、分、搞、夹、煎、对、圆、扎、下线、涂底等17道工序精心制作,方能达到熟、匀、通、透的效果。贴衬和拈衬时又须根据笔的种类、规格、档次不同而灵活掌握,特殊技艺乃艺人长期积累的经验,可以意会而难以言传。高档水笔,一笔一品,精工细作。制作麻胎水笔强调"大煎大圆""麻轻功重","捏手"功夫深浅不同,效果天壤之别。师傅传授技艺只能是口传心授,而徒弟则必须在长期的实践中反复揣摩,或能领悟其中奥妙。待到徒弟再将此感觉传递给他人,还得重复漫长的过程,所以业内强调学者悟性,"虽经十年寒窗苦,功夫深浅在各人"。

其二,文化韵味浓郁。扬州毛笔制作笔头与笔杆都同样讲究,毛笔以狼毫、兔尖为主要原料,地产孔麻为辅料。狼毫,以东北山区冬季所产黄狼尾质量最好。兔尖,指兔背之毫,江浙及安徽一带所产山兔或草兔、淮兔为佳,以山兔尖为优。笔杆,有楠木、海梅、牛角、玉、象牙、瓷、雕漆、景泰蓝等高档材料制成的,普通的以竹为杆,以福建、湖南、浙江余杭所产笔杆竹最好。笔毛和笔杆相得益彰,再配以合宜的笔架,俨如一付完整的艺术品。扬州制笔艺人不一定是书画家,但懂得书画家们用笔的喜好以及各种风格书画对笔的要求,制作时对笔尖粗细、长短、老嫩以及锋状均有讲究,工艺细致而富有韵味。

其三,始终保持活态。扬州毛笔经历了清代繁盛时期后,迅速走向低谷,但始终没有消亡。任氏一脉在江都花荡地区的传承,延绵不断,脉络清晰。20世纪50年代前,扬州毛笔产地分布广泛,产品销往全国乃至海外。但随着传统的农耕社会向工业化社会的转型,毛笔制作存在的客观基础条件起了变化,国外强势文化的入侵,使人们在转型时期价值观念和取向发生了变化,崇洋媚外、盲目崇拜等心理使得传统文化不能适应

这种新的变化,有被丢弃的危险。因而毛笔的需求量越来越小,大部分笔厂及个体作坊陆续歇业或转做其他笔种,唯有江都国画笔厂仍保存着完整的制作技艺并坚持生产扬州水笔。扬州水笔制作技艺得到如此广泛的认可,与"非遗"传承人石庆鹏是分不开的,2009 年,江都市国画笔厂厂长、省级"非遗"传承人石庆鹏获"中国文房四宝制笔艺术大师"称号,这不仅仅佐证了扬州水笔制笔技艺以一种"活"的形态完整地保存了下来,更展示了其独特的影响力。

任氏传人们不仅保存了完整的传统技艺,面对当前堪忧的境况,必须有新的发展。对此,扬州毛笔一直坚持走品牌、精品之路。扬州毛笔名牌有"湘江一品""天香深处""乌龙水笔""元笔""鸡狼毫""仿古京楂""第一人书""大中小兰竹"、"山水"等,其中"湘江一品"有笔中之王的美称。其次为"大京水""刚柔相济""不可一日无此君"及"双料奏本""白描水笔""仿古御用笔""极品鼠须笔""龙凤对笔""原生态羊角笔""一支独秀笔""百寿笔""石獾笔""大观书画笔""精致白貂笔"等。扬州毛笔制作技艺精湛及繁盛,仅从品牌名目上便可见一斑。扬州早期的水笔制作艺人也是人数众多,名家辈出,如杨文竹斋店店主杨裴然,所制毛笔"工精毫足,经久耐用",既为旧时政府官员所喜用,亦为书画家所称道。扬州水笔体现了扬州这一方水土的特质,充分发挥名人、名品、名厂、名城效应,实施产业集群和品牌战略,培育独特的核心竞争力,走出一条精品之路。

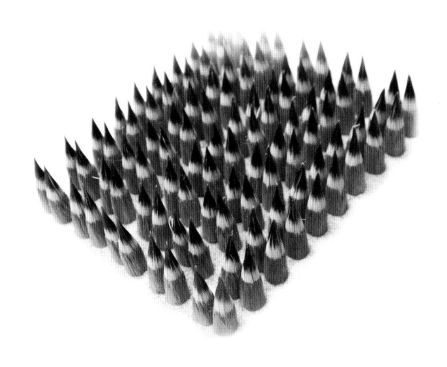

湘江一品

天香深处

乌龙水笔

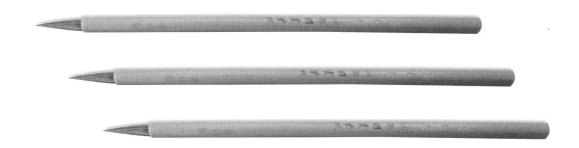

鸡狼毫

仿古京楂

永言

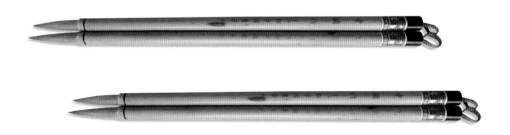

兰竹

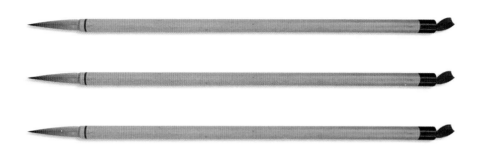

山水

大京水

双料奏本

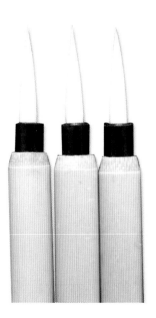

白描水笔

仿古御用笔

极品鼠须笔

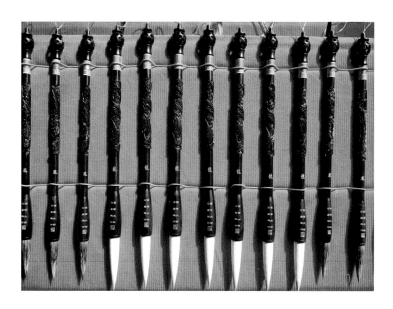

龙凤对笔

百寿笔

一支独秀笔

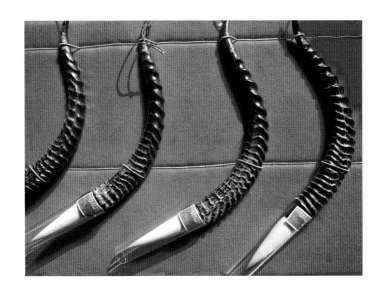

原生态羊角笔

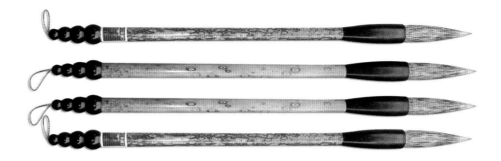

石獾笔

大观书画笔

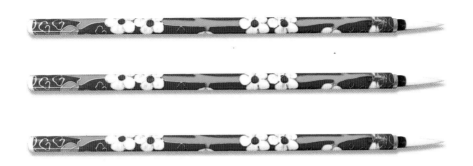

精制白貂笔

五

中国毛笔除宣笔、湖笔、李福寿毛笔、扬州水笔四大流派外，还有湖南湘笔，江西文笔等，多样化的毛笔制作技艺成就了我国灿烂丰富的书画艺术。

湘笔的主产地为湖南长沙，最早可追溯到战国时期。唐代郴笔作为湘笔的前身在当时具有一定的影响。韩愈在《祭郴州李使君文》中提到："苞黄柑而致贻，获纸笔之双贸。"其中的笔就是指郴笔。无独有偶，柳宗元也曾经记载过郴笔："截玉钴锥作妙形，贮云含雾到南溟。尚书旧用裁天诏，内史新将写道经。曲艺岂能裨损益，微辞只欲播芳馨。桂阳卿月光辉遍，毫末应传顾兔灵。"诗人又用汉代尚书郎写诏以及王羲之抄经的典故来盛赞郴笔的作用及其精妙。

明清时期，毛笔制造业有两个流派，一个是浙江湖州的"湖派"，一个就是以长沙为主要产地的"湘派"。民国时期，湘笔最兴盛，当时长沙市内有笔庄70多家，最有名的有"彭三和""王文升""余仁和"等大店家。湘笔远销全国，甚至到了日本、东南亚。一场大火，长沙很多店铺被烧毁，加之后来毛笔时代的远去、钢笔时代的到来，湘笔渐渐衰落。

湘笔的制作多以传统无心散卓法为主，其笔头主要采用兔毫、狼尾以及山羊毛制作而成，笔心以短狼毫掺以麻纤维制作，外披短兔毫。其笔杆主要采用湖南本土的竹子，尤以湘妃竹知名。清诗人查揆称"一枝湘管抵千缗"，表明有些湘管颇为珍贵，为竹中奇品。湘妃竹以娥皇、女英泣帝舜而得名，唐代诗人高骈曾写有《湘浦曲》，诗云："虞帝南巡竟不还，二妃幽怨水云间。当时垂泪知多少？直到如今竹且斑。"湘笔以湘妃竹为主要材料，颇有宣扬女性美德之意，这也可能是文人多爱湘笔的原因之一。

在中国毛笔史上，人们世约俗成称宣州

所产制笔为"宣笔",湖州所产之笔为"湖笔",承袭宣笔、湖笔的取名方式,将文港所产制笔称为"文笔"。

文港镇坐落于江西省进贤县西南部,是北宋宰相著名词人晏殊的故里。受临川文化的熏陶、自然环境的影响和手工传统的渗透,文港毛笔制作业十分兴盛,闻名遐迩,素有"华夏笔都""毛笔王国""中国毛笔之乡"等称誉。

文港毛笔生产历史悠久,其肇始可以追溯到战国秦时。据说秦国大将蒙恬发明柳条笔后,其毛笔很快在当时首都咸阳风行起来。

当时有咸阳人郭解和朱兴,避祸临川,在李渡一带传授毛笔制作技艺,揭开了临川制笔的序幕。王勃《滕王阁序》中有:"光照临川之笔"的颂赋。明清时期,周虎臣笔墨庄和邹紫光阁发展出现了前所未有的高峰,为文港毛笔历史上最辉煌的一页。

明万历末年,文港周虎臣毛笔名噪江南。乾隆年间,皇帝偶得其笔,赞誉有加,特敕制笔御贡,并亲题"周虎臣"三字,赐为笔庄店招。周虎臣毛笔因皇帝题词而名声大振,当时上京赶考的考生必买周虎臣毛笔,以沾皇恩。周虎臣毛笔也依靠这块招牌占

湘笔

文笔

据京城市场,闻名天下。周虎臣不仅在制笔艺术上海纳百川,而且在毛笔营销和弘扬毛笔文化上也颇有建树。周虎臣及他的后人们在苏州、上海等南方城市开设"周虎臣笔庄""老周虎臣笔墨庄",在全国多处毛笔产地设有加工点,与清代以来的书画、文学大家保持着密切的联系,产品畅销东南亚的许多国家和地区。扬州许多老的毛笔作坊都是周虎臣的定点加工处,今天的江都春风制笔厂也同时挂有"上海周虎臣曹素功笔墨有限公司笔厂"的招牌,为其提供加工服务。"周虎臣毛笔"现为中国毛笔业的著名品牌。

清咸丰年间,文港人邹发荣与胞弟邹发京在汉口开设"邹紫光阁",笔庄规模宏大,兴盛时工人多达 400 余人,年产毛笔 500 万支。邹紫光阁笔庄的毛笔以材料上乘、制作精良,与"周虎臣笔""浙江王一品笔"并称天下三大名笔。

文港毛笔以黄鼠狼尾毛、山羊毛、山兔毛、香狸毛等为原料,按传统工艺制作。"尖、齐、圆、健"四德兼备。毛笔发展到八大类、上千个品种,大如扫帚小如针,笔头毛颖色彩斑斓,红、黄、白、绿、青、蓝、紫七色齐全。笔杆用料考究,竹木继承传统,牛骨典雅大方,陶瓷洁白如玉,景泰蓝古朴精致,象牙端庄贵重,配上精制的文房四宝,书画微雕,极具特色。

文港是一座写满笔历史的文化古镇,其博大精深的毛笔文化,造就了改革家王安石,词坛二仙晏殊、晏几道,唐宋八大家之一曾巩,戏曲大家汤显祖,文学家吴伪谦。制笔工艺长达 1600 多年,悠悠历史长河中,文港因笔而名,因笔而兴,因笔而荣,因笔而发,毛笔牵系着文港人的荣耀与兴盛。勤劳智慧的文港人,硬是靠"笔"走出一条致富之路,"文笔"已经成为文港走向世界的"名片"。

第三讲　扬州毛笔制作技艺

扬州毛笔制作技艺是以动物毛及孔麻为主要原料,通过选、脱、齐、压、煎、盖、扎、装、焊等一系列加工方式,制作具有"麻胎作衬,涵水不漏"特色的扬州水笔的一种特殊技艺。该项技艺世代相承,流传至今。

由于毛笔是由动物纤维制成,难以长久保存,故完整的古笔传世极少,除少数发掘品外,能见到的明清毛笔,也可称得上稀世珍宝。昔时,扬州出产过为数众多的精品水笔,但如今只能从不多的文字记载和老艺人的回忆中见其端倪。故扬州水笔制作技艺,不仅仅是一项非物质文化遗产,更是过去人们丰富历史文化的遗存,折射出一代又一代前辈艺人们的聪明才智,是中华民族的瑰宝。

一

最初毛笔由笔头和笔杆两部分组成,后又根据需要,方便随身携带和及时书写,于是增加了笔套。从古至今,笔套有金属、竹制以及塑料等材质。湖南长沙左家公山出土的战国时期的毛笔,被套在小竹管里,可见在当时已经有了笔套。随着物质生活的极大提高,人们不再满足对毛笔实用性的需求,更加注重装饰化,增加了挂笔线、挂头、笔斗三部分。另外毛笔和笔架组合,在兼具实用的同时,颇有诗情画意之气,且笔杆和笔头的造型也在不断变化,有特制的弧形笔杆,有因人而异的"四不像"笔,这些形制和造型的变化反映出各个时期,人们审美情趣的差异和特定的时代特征,对研究灿烂的中华文化有着重要的借鉴作用。

毛笔的品类有上千种之多,但按其性能一般可分为软毫、硬毫,兼毫三种。

软毫笔

纯羊毫笔。软毫笔性软,一般用纯羊毫、鸡毫、胎发等软毫制成,其中以羊毫为代表,按其品质可分为低、中、高、特级四档:

1. 低档羊毫笔有:大楷笔,一支"精制羊毫大楷"或稍好的"长锋大楷",可用于书写1—2寸的行书,长锋大楷有一、二、三号之分,这些号数并不表示大小,而是说明优劣,以一号最好;京提(或称提笔),比大楷大,有一到六号几个规格,大号京提的笔头径粗五分,长达2寸,笔杆粗细适中,前端有牛角笔斗,握笔较舒适。

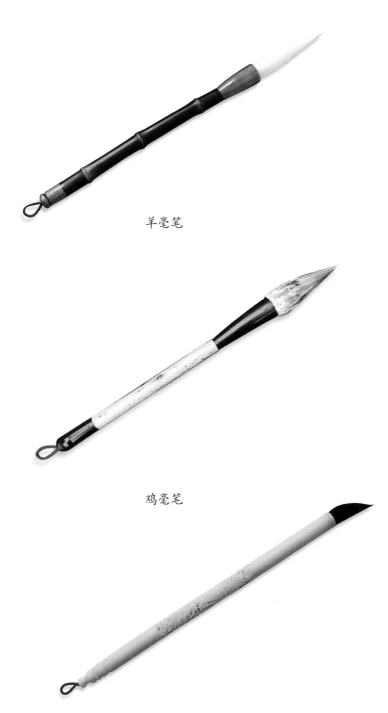

羊毫笔

鸡毫笔

胎发软毛笔

2.中档羊毫笔有：联锋、屏锋、条幅，其大小相当于京提，锋较长，不装牛角斗，质量比大楷、京提好，适于写屏条一类的作品；顶锋、盖锋，有一到六号几种型号，属于长锋类中档笔；以文字分型号的组笔或套笔，如群英毕至、劳动最光荣、春夏秋冬等。群英毕至一套有四支笔，上分别刻群、英、毕、至四字。刻"群"的型号最大，刻"至"的最小，也是属于较好的长锋类笔。

3.高档羊毫笔有：玉笋，因状如新笋而得名，也分一、二、三号，是特殊规格的羊毫笔。笔头短而粗，是笔中的矮胖子，易于表达浑厚的线条或块面，适用于作画；玉兰蕊，形制略大于大楷笔，是羊毫中的名笔，选料考究，工艺精细，有精品、超品、仿古等不同规格，价格较昂贵；京楂（或曰楂笔），是最大的一种笔。楂，为五指取物之意，其执笔姿势近似于五指抓握的样子。京楂笔杆短而粗，常全部用牛角制成，有大号到六号不同规格，大号可写二尺以上的大字；此外还有一些笔，不是根据它的原料或用途命名，而是用典雅的名称相区别，如右笔书法、冰清玉洁、珠圆玉润、挥洒云烟等等，这些笔多数质量较好，大小居中，品位高雅。

4.顶级羊毫：除一般的羊毫笔外，还有用细嫩光锋或细光锋原料精加工的顶级羊毫。如齐头笔，其材质一般采用细嫩光锋。笔头顶端有一截玉色、透明、尖挺的锋颖，一般用其粗壮的毛来制作笔心，细腻有光泽的黑子毛作盖毛，通常称为"黑子"

鸡毫笔。鸡毫笔是用雄鸡脖子或胸前之毛制成，其性能软于羊毫。

胎发笔。胎发笔取初生婴儿1—2个月的头发制成，又称"状元笔"。胎发笔制作历史悠久，自唐代以来就有制作"胎发笔"的习俗，寄予了对孩童美好的祝愿。唐代诗人齐己《送胎发笔寄仁公》中有"内唯胎发外秋毫，绿玉新栽管束牢"的诗句，便是极好的证明。

硬毫笔

硬毫笔中常见的有兔毫、狼毫、石獾毫、山马毫、猪鬃等，其中以狼毫笔、山马笔、石獾笔、猪鬃笔为代表。

兔毫笔。兔毫笔历史悠久，在长沙出土的战国笔就是用兔毫制成的。兔毫又分紫毫和花白毫两种，紫毫是取兔背脊（又称剑毫），质软而毫健，花白毫是边毫，头重脚轻的毛形，毛尖比较挺利，不如紫毫刚柔。

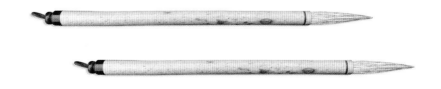

山马笔

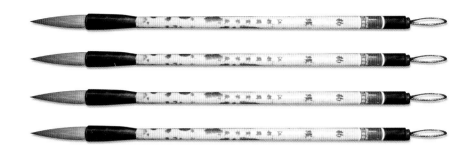

豹狼毫

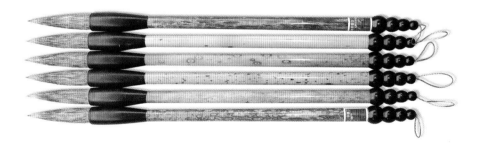

石獾笔

猪鬃笔

白云笔

鼠须笔

狼毫笔。狼毫笔是以黄鼠狼的尾巴毛为主要原料制成的毛笔，其弹性比兔毫稍软，比羊毫坚挺。常见的品种有兰竹、写意、山水、花卉、叶筋、衣纹、红豆、小精工、鹿狼毫(鹿狼毫中加入鹿毫制成)、豹狼毫(狼毫中加入豹毛制成)、特制长锋狼毫、超品长锋狼毫等等。

石獾笔。石獾笔是以石獾毛为主要材料制成，其性刚挺。

猪鬃笔。猪鬃笔选用猪脊背或胸毛为原料制成，其性比石獾笔更坚硬。

兼毫笔

"兼毫"，顾名思义是兼而有之的意思，是用两种或数种毫毛混合在一起制成的毛笔。即以硬毫为核心，周边裹以软毫，笔性介于硬毫与软毫之间。兼毫多取一健一柔相配，以健毫为主，居内，柔毫为辅，居外。

一般将紫毫与羊毫按不同比例制成，如"三紫七羊""七紫三羊"和"五紫五羊"等；也有用羊毫与狼毫合二为一制成的兼毫笔，以尺寸的大小分"小白云""中白云""大白云"；也有在大羊毫斗笔中加入猪鬃、九江狸、石獾、香狸毛等，以加强其弹性；更有用老鼠或松鼠的胡须加淮兔尖毫制成的鼠须笔。

以上硬毫、软毫、兼毫三种笔,性能不同其用途也各不相同。软毫笔弹性较小且柔软,易于表现墨色变化及渲染。硬毫笔劲健锋利,多用于勾线、皴点山石、花卉、兰竹等,是画家用来创作山石、花卉、树木的必选笔。兼毫笔弹性适中,刚柔相济,蓄墨量适中,有助于书写的连贯性,适宜于初学书画者和专业书家使用。

不同流派对不同性能的笔,爱好也各不相同。书法方面,如果走"帖学"一路,即追随王羲之、王献之风范者,狼毫这种微偏硬的笔是首选,可以得其潇洒俊逸之气;走"碑学"一路,仿魏碑的龙门二十品,秦汉时期的各种篆隶刻石,羊毫笔是不二选择,得其融墨性能好,下笔有金石气;写意绘画方面,学齐白石、吴昌硕等人的画风,笔触大,墨色变化丰富,首推羊毫;工笔绘画方面,狼毫紫毫这样的硬毫笔勾线最佳,辅以羊毫设色是为绝配。

此外,随着科技发展和书画家需求的变化,毛笔的种类也发生着相应的变化,出现了专门绘画用的国画笔。国画笔是60年代后的笔种新名称,是上海杨振华笔店的精作。1956年杨振华与上海周虎臣等八家合并后,国画笔这个响亮的名字在全国业内逐渐传开。此笔主要品种有狼圭、白圭、红圭、紫圭、兔圭、勾线、精工、衣纹、人物、叶筋、写意、山水、鹿狼毫、豹狼毫、山马、兰竹、石獾、野鬃笔,以及各种类型的硬原料画笔。

由于国画创作细腻严谨,对国画笔的品质要求更加严格,故无论从选料到制作都有十分苛刻的要求。一般来说,水墨山水或青绿山水,多为软毫笔,创作这类画用笔以蘸、扫,摆为主,需笔肚含水量大。工笔画一类,多为硬毫或勾线笔,这类画要求用笔均匀,含水量较少。

毛笔除按其性能划分外,还有大小之分。按笔头的长短、粗细可划分为大、中、小三个型号,使用者需按书画大小选择。笔头最长的"鹤脚"有12cm长,最短的"须眉"仅有1.5cm,笔头"肥"的楂笔,直径长达8cm,而描花用的笔则最"瘦",细如棉线。大小不同名称也各不相同,最小的叫圭笔,然后是小楷、中楷、大楷……

二

扬州毛笔以黄鼠狼尾毛、兔尖为主要原料,地产孔麻为辅料。狼尾,以东北山区冬季所产黄狼尾质量最好。兔尖,指兔背之毫,江浙及安徽一带所产山兔或草兔、淮兔为佳,以山兔尖为优。

扬州毛笔使用的笔杆,有楠木、海梅、牛角、玉、象牙、瓷、雕漆、景泰蓝等高档材料制成的,普通的以竹为杆,以福建、湖南、浙江余杭所产笔杆竹最好。

扬州毛笔制作时使用的工具繁多,多为自制,包括各式盆具、各式梳具、各式刀具、各式板材以及专用灯具和量具等。另辅助用料有各种酸性染料、松香、米土、明矾、硫磺、蚕丝线、带顶石、洋铅漆、修笔胶(石花菜)等。

上述工作及原材料在使用过程中,又因时而异,多有讲究。如修理制作用具的特殊工具有:踩脚板、锯弓、夆具、锉刀、齿夹、衬板选择老红木或白木、紫檀木板0.8cm—1cm×150cm×380cm一块、盛水瓦盆一只(陶器)、S形自制盆马一只(木制)、毫刀一把(铁制)、整毫刀一把(铜制)、自制尖刀一

各种各样的小国画笔

勾线笔

鹿狼毫

兰竹

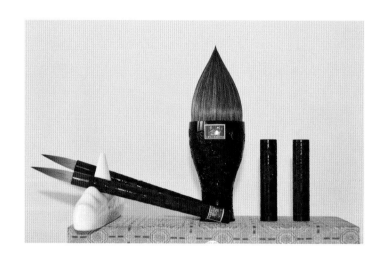

楂笔

孔麻（学名为苘麻）

上等淮兔皮

修理制作用具的工具

把(铁制)、自制孔麻拦条一根、自制盖笔砖一块(木凳镶玉片)、水碟(陶瓷)牛骨起毛板、牛骨齐毫板(宽板窄板各一块)、牛骨梳分稀档梳,煎衬梳,圆笔梳,再分稠档稀档,等数类各数把、自制麻梳一把(铁或铜制)、大皮一块25mm×150mm自制、搞衬皮一块15mm×60mm自制、切板一块(要求丫绷树,又名狗骨头),桦树皮自制十个量具;在轧毫轧盖毛时均使用不同尺寸的竹制量具、扎笔板(红木制)、酒精灯或火油灯(铁皮制)、套管(竹制标准量具)、带顶石、涛裆瓦(用细腻磨刀砖或瓦片自制)、挑毫板数块(用细纹木板或玻璃边料自制)、灰盆一只木制65mm×300mm×400mm。在装套时使用的工具有:搓凳(榉树或硬杂木自制刀切半S形粘上橡胶皮)、切杆刀切板。拉头刀、起线刀、绞刀(刀柄选竹自制)、调杆棍、靠山竹制千分尺。在干作时使用的工具:有修笔刀、假指甲(紫铜自制)、凉板、酒精灯、千分尺,洋铅漆(一种焊笔的牢固胶)。

水作用具

装套工具

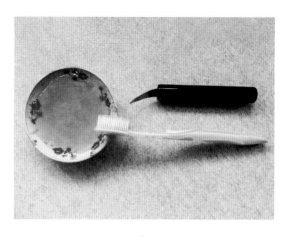

干作工具

三

扬州水笔大致可分两类:一类为麻胎水笔,其特征是以孔麻作衬;另一类为软胎水笔,以羊毛及其他软细类动物毛为衬。麻胎水笔吸水后含水不漏,软胎水笔则含水量稍差。而扬州水笔,以储笔带水入套而得名。其制作工艺十分繁难,大体分为水盆、装套、旱作三个环节共120多道工序,环环相扣,道道严谨。

水盆

1. 选料。根据品种、规格、档次的不同进行选料、配料。

选料是笔的核心要素,"巧妇难为无米之炊",即使技术再好的能工巧匠也难以用伪劣原料制作出优良品种,笔的品质与原料有着千丝万缕的联系。扬州毛笔的选料按其品位、档次的高低,选择不同季节、不同产地、不同部位、不同品质的原料,哪种原料放置于笔的哪个位置都十分考究。

2. 撕毛。将粘在一起的羊毛撕松、站齐。

3. 梳上毛。用骨梳梳去不适用的绒毛并打折均匀。

在梳理过程中,需要通过不同宽窄的毛梳,各种密度及形状的梳齿,对动物毛的毛质、毛性、毛粗、毛细、毛长、毛短进行反复梳理,打折均匀(笔工们时常提及多少折,即为搅拌多少次的含意),达到圆、润、通、透的效果。许多贵重的原料不能划毫,即梳齿太锋利易将毛杆划破。划毫严重者不但破坏毛质的源质,造成数量与品质的下降,而且严重缩短使用寿命。再者,在梳理过程中,捏手功夫极为重要,使用左手拇指与食指夹毛,使之平整牢固,右手握梳,节奏有序、轻重得当、节节通顺,方能达到匀润的效果。

4. 腌毛。将毛醮稀石灰水,去除毛中所含油脂。

动物毛中含有大量的油脂,在制笔过程中必须去油,油对笔的品质起到决定性作用。脱脂不到位则吸墨不佳,过量则对毛质伤害严重,轻者弹力欠缺缩短使用寿命,重者腐蚀毛质,不可再用。脱脂有两种方法:一、传统腌石灰水法。由于石灰水的化学成分对动物

配锋

选料配尾

撕羊毛（一）

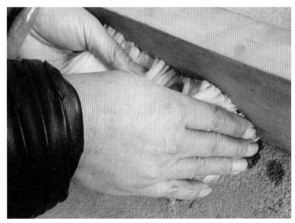

撕羊毛（二）

上羊毛

上尾

腌石灰水

腌尾

毛的伤害严重,所以腌制石灰水的浓度,腌制的时间长短均有讲究。冬天与夏天的温差大,全靠辨色、手感与目测,注意观察尾片的颜色,发白且手感粗糙即可出石灰水,出水时不能将绒梳净。二、原生态脱脂法。将理好的毫片放在110摄氏度的恒温床压紧,视毛杆的粗细决定床压的时间,再用40目筛稻壳灰,用鹿皮卷毛放入灰中搓揉,用物理的方法达到去油的目的。

5. 出石灰水。梳净毛上的石灰屑,留适当绒以便打绒,将毛上成片。

6. 齐毫。在骨质齐毫板上分别将长短毛分开,使毛尖整齐,尾脚齐净。

齐毫注意勤反手调手(反手调手为齐毫中的一种动作规范),尖根整齐,精拖细偎,羊毛成片、兔毛成线。青花"倒根"时,注意能"倒"则"倒",尽量少"点花"("倒根""点花"均为齐毫中一种操作技术)。做到尖齐、锋齐、根齐,不杀锋、不重叠,厚薄均匀,毫平直,不歪斜。

7. 压毫。"压毫"即"切毫",湖笔称之为"裁料",日本称"切丈"。所有笔头都需要经过刀切裁料,在压毫中必须按照毛的品质以及笔性、笔型的特定要求,确定其比例,取合

出石灰水

齐毫(一)

齐毫(二)

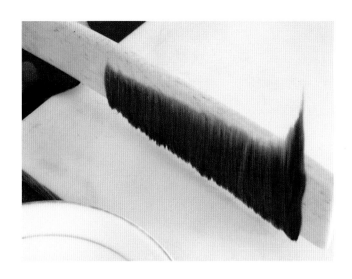

齐毫（三）

齐毫（四）

齐毫（五）

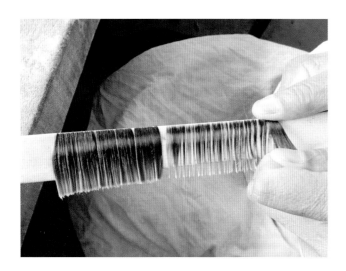

齐毫（六）

点花

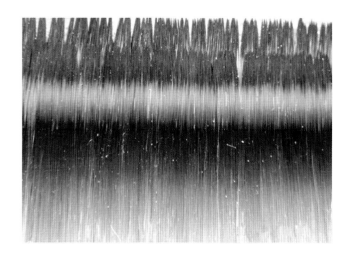

青花毫

青花比制

压青花

青花分片

压毫（一）

压毫（二）

压毫（三）

压毫（四）

煎毫

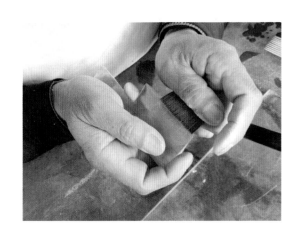

整毫（一）

整毫（二）

适的部位，"看锋压毫、齐垒搞衬"是行内的规范要求。一支笔的好与坏，全靠刀法技能，所以说压毫重在制作者洞察秋毫。

对特定品种，还需加入少许"盖尖、贴毛"，为挡梳头，以利含水。然后按毛的长短依次切成片状（俗称"齐锋下贴"）。

8. 煎毫。用骨梳将压毫抓理均匀。

在毛笔制作过程中，煎毫就是将裁切好的毛料按要求混合搅拌均匀，以达圆形的效果，打折越多，笔的达标圆度越高。所有煎毫工序都得按照操作流程严格进行，笔的品质与使用效果与煎毫的圆润程度息息相关。

9. 整毫。将不合格的毛桩、老少锋、细无头、弯毛剔去，以便使用时笔尖收锋不开叉。

10. 制麻衬。包括打麻条、切麻衬、梳麻衬，并梳理均匀备用。

11. 贴衬。将麻衬贴附于笔毛的下部（俗称"齐垒搞衬"）。

12. 煎衬。将贴好的毫与麻仔合拢，并用骨梳梳匀。

13. 圆笔。将煎好的衬，掐成笔基，圆笔梳梳通，卷成圆形，放入口中吸出水分，并以舌尖将其卷成圆形，做到大小、尖肥一致。

麻条

断麻

打麻条（一）

打麻条（二）

打麻条（三）

打麻条（四）

打麻条（五）

打麻条（六）

切麻衬（一）

切麻衬（二）

切麻衬（三）

梳麻衬（一）

梳麻衬（二）

梳麻衬（三）

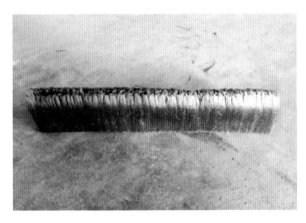

麻衬

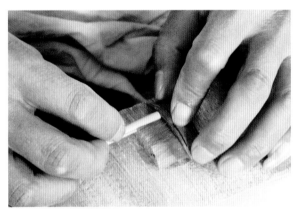

搞衬

扒麻仔

摊麻仔

煎衬

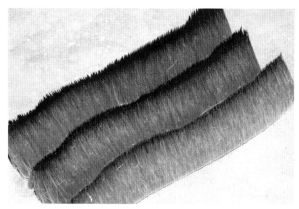

衬

熟衬

圆笔（一）

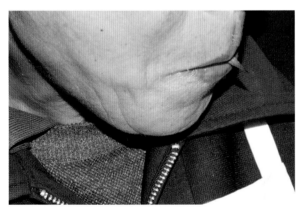

圆笔（二）

圆笔（三）"特殊产品"（添独衬一）

圆笔（四）"特殊产品"（添独衬二）

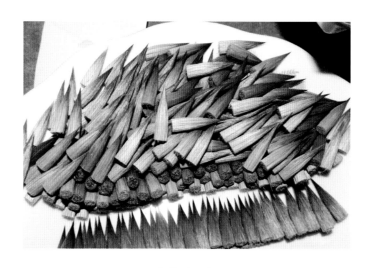

圆笔（五）

摊青花

盖青花

摊下脚

已盖头道

盖下脚

湘江上灰

14. 盖笔。将制好的盖毛裹附笔头外围。

由于笔柱要比盖毛刚性强，且毛桩易于跳出，影响用笔，所以于笔柱上添加细润的盖毛，以对笔柱起到管束、呵护、吸水、美观作用。扬州水笔的盖毛制作要求各异，大致可分为狼尾制作法、鸡毛制作法、青花制作法、下脚制作法以及其他各种类型的盖毛制作法（青花为兔毛的一种，下脚为羊毛的一种）。

此外，根据品种的要求，盖毛的上落（即高低）和厚薄均有讲究，麻胎笔头的胀潮时间应把握到位（胀潮即将笔头用纱布包好，放入开水中，一两秒快速提起倒置）。其要领是根据笔柱的造型决定盖毛的形状，盖笔时根据笔的特殊要求，注意盖毛的厚薄一致，严禁出现缺露心及不落脚现象。

15. 扎笔。用丝线将晒干的笔头，齐根部扎牢或松香焊底。

扎笔是水笔四大要领之一，又名结笔头。有两种方法，一种为下线法，另一种为火扎法。扬州水笔扎笔最常用下线法，其制作方法为，将干燥到 7 成左右的笔头扎紧，四周老嫩统一，排列整齐，以 100 支为宜，根部不可出现凹心的现象。将扎好的百支一线笔，上线头向下，用 75g 到 150g 的坠脚石（要视其笔头的粗细决定坠脚石的轻重）坠住，挂在阳光下，每隔一小时检查笔头是否向上翘起，再用右手向下抹平，直到完全下线成功为止。

火扎法。一般适用于软胎笔，如鼠须笔、大圭笔、胎发笔及羊毫笔等。首先，将干燥的笔头用老嫩统一的方法扎上线，在火油灯或火酒灯火上烧去浮毛并加热。再将松香化水，取适量涂于笔的根部，上火加热，直至完全将松香水吸入为止。最后，快速用巧力将笔根收紧，需检查粗细是否合适，用套管复检确认。

装套

装套要经过选杆、找头、拉头、打线口、铰孔、相头等程序，这些程序概括起来又可分为选杆、平头、铰孔三大类。

笔杆的选杆与精加工。装套前应选择与该产品相配的笔杆，笔头与笔杆如配备不当，会不雅观。

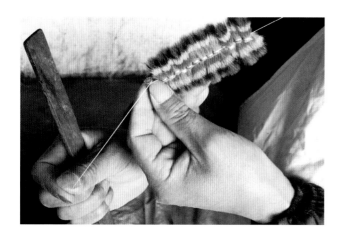

干燥80%扎笔

下线（一）

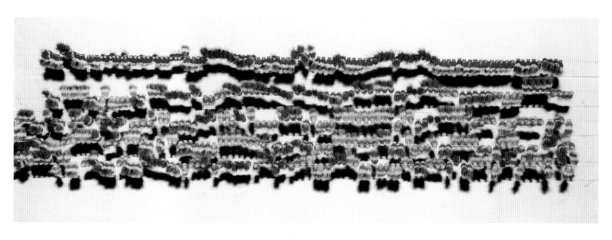

下线（二）

火扎笔

接斗

接挂头

选杆

一般笔的选杆，笔头根直径为 5mm，杆外经为 6.2—6.5mm，底部是 6mm 选杆外经为 7.3—7.6mm。依次类推，笔头越粗，笔杆的壁度要越厚。应特别注意根细杆粗，需将杆空尽可能放到位，如笔头底部直径为 6mm，那么笔杆孔径应该是 6.2mm，如果笔头底部直径为 10mm，那么笔杆的孔径是 10.3mm 到 10.5mm。

装笔时有"杆抓笔"和"笔抓杆"之分，"杆抓笔"是指笔杆粗于笔身，"笔抓杆"是笔身粗于笔杆。如像乌龙水笔、狼毫水笔、奏本水笔、湘江水笔、京本水笔、大小绿颖水笔的笔杆都需要"杆抓笔"，千万不可用"笔抓杆"。

平头。提笔，分别组装好"挂斗""杆子""笔斗"，统一规格后，则用捻刀切齐笔杆两头，打线口。

绞孔。用专用工具将笔杆顶端绞出与毛笔头合适大小的圆孔，以便将笔头焊上。

干作

置头。又称焊笔，焊笔时首先检查笔头长度及外露的部分，检查笔头与笔杆配备得当，再将焊笔胶在杆孔内涂均匀，比好外露尺寸，笔头向上轻放于笔桶内，一般需要 8—24 小时才能牢固。

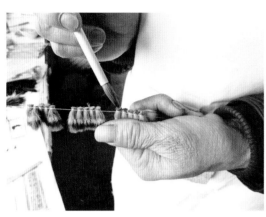

制根

扨头

打线口

绞孔

干作（一）

干作（二）

干作

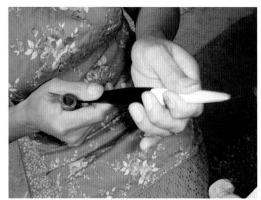

抹笔

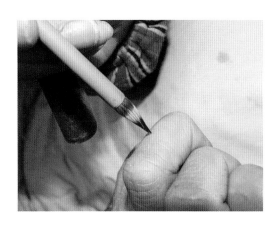

加工

扬州水笔刻字

修笔。修笔前将石花菜少许盛入容器用开水烫洌1—2次,再加适量开水用木柄将石花菜捣烂成糊状,去渣滓制成修笔胶。修笔时,先把笔头内的浮毛、伤短毛梳理去除干净,后再润胶。润胶时,将笔心打开润透彻,再用左手拇指与食指将笔心合拢,匀力抹紧、抹平、抹圆,不停地碾笔检查笔形,目测或手抚感觉其丰满度及形状,理顺盖毛,挑去杂色毛,荡平光亮即可插桶凉干。

盘头。又称加工,打开修坯,用清水涨开,勒去85%左右水分,用右手中指弯曲在笔尖划圆摆动绕圈,除尽不牵紧的无锋毛、老锋毛、细无头、棒槌毛及弯曲毛后,将顶绊齐,上

胶水,再将笔的原形复原晾干即可。

刻字。或用刀具在笔杆上经开、挺、点、踢、抠刻上品名及其他相关文字。要求字迹清晰,深浅适中,美观秀丽。

麻胎制作是区别于其他流派毛笔的最显著特征,也是最繁难之处,须经过选、绕、煮、洗、断、刷、切、梳、分、搞、夹、煎、对、圆、扎、下线、涂底等17道工序精心制作,方能达到熟、匀、通、透的效果。

煮麻。将事先挑选好肥壮无杂物的孔麻梳理通顺,每500g为一把,绞圈扎把,然后分用小锅将麻汤调好煮开。麻汤的配制为每1000g孔麻使用石碱125g,煮好的石

煮麻

断麻

刷头遍

洗净碱水

灰膏少许(注意石灰膏不得过量,谨防麻衬涩梳),草灰一把约50g,清水根据汤锅容量。再把圈扎的孔麻一卷卷放入汤内,每20—40把为一锅,边放边用木棍捣,使其沉入汤中,再用砖或石块压住,大火烧煮1小时后再文火烧煮2小时以上,在此过程中翻锅一次。当汤水快要烧干时,及时加水,再焖于锅内8—12小时后出锅,刚出锅的麻可以立即采用,对暂不使用的,需洗净碱水晒干存储备用。

烫麻。依据制笔的特殊需要可以使用烫麻法。孔麻绞圈扎把重量与上述相同,盛入木桶内,石碱与石灰膏的量比烧煮法增加50%,溶入水中烧开后立即倒入麻桶内并用木棍不停地用力捣麻,直至孔麻纤维纯熟柔软。

打麻条。将熟麻1000g下水洗净碱水和杂质,理齐用毫刀切段去根,切段长度为25cm为宜,颠倒根梢,搭配均匀,平均分成四等份。每份用麻梳将麻里外梳理通透,成粗纤维状,再将两份麻把剖开合并成一把,用左手虎口掐住一端,注意两端都从左手虎口下梳,在清水中轻轻地梳理通透光滑,勒去混水,抹平光整,将两端须麻上正绕紧,特别注意要将麻内的碱水洗净,否则切麻衬时滑刀难以把握。

水并麻条

待切

切麻衬

切麻衬。备好棒制。不同品种、不同使用规格、不同形状、不同品质，对麻衬的要求也不同，锋状长短、平锋、簇锋也存在差异。将切毫刀磨锋利，把备好的麻条卧于切板上，用麻衬大皮按紧麻条，取棒制，丈量准确，检查上下角是否准确，坐半凳用力由上而下，上长下短飘刀裁下，下刀时注意前后角，把握抬垂角的平行度，切好的麻段即为麻衬坯。通常，一级大乌龙水笔笔头的总长是 26mm，麻衬的上角长度是 35mm，下角三刀应为 25mm；大奏本水笔笔头的总长是 24mm，麻衬的上角长度是 34mm，下角三刀应为 25mm；湘江一品水笔的总长是 23mm，麻衬的上角长度是 30mm，下角三刀应 21mm；红、蓝狼顶水笔与京本水笔的总长是 21mm，麻衬的上角长度是 30mm，下角三刀应 22mm；大鸡狼毫水笔笔头的总长是 26mm，麻衬的上角长度是 34mm，下角三刀应为 24mm；小乌龙长度为 21mm，麻衬的上角长度是 30mm，下角应为 22mm；中鸡狼毫总长是 24mm，麻衬的上角是 30mm，下角为 21mm；在切麻衬的过程中，刀法不可能是 100% 准确，因而出样时需尚要深簇锋搭配。

梳麻衬。将麻衬坯两只下水，两手稳住，沿上下角扒下三刀，掐三等备用。将头二刀分两份，手工梳理一对后，再分别打三折，上三刀。夹麻的方法是边三刀夹头刀、上三刀夹头刀、边三刀短在外、摘三手打三折、上对再分三，各再打一折梳通收麻衬，一支麻衬共需打十八折。收衬时两手合拢夹紧使其合并成形，成细腰状。打折时要求折折通，一折不通折折不通，要防止结梗，影响下道工序操作。

分麻衬。分麻衬是根据作头的大小决定分派，骑马夹一般是 10 衬、12 衬、15 衬。如 12 衬，可分 1 分 6，派 2 等于 12，亦可以根据作头的大小决定增加或减少麻衬的数量。

搞衬。首先要观察毫垒的高度，齐垒搞衬是主要关键点。再把毫的小样取下，挑选平锋麻衬做头麻，切少许做样，盖小心（专业术语，即取一支笔的用毛）目测形状后再依次下落搞衬。不可将簇锋用于头衬，最簇的锋在 6 衬（6 衬为尾麻）。

麻衬刀角

麻衬待梳

扒麻衬

头三刀分别打折

梳麻衬

夹三刀

收麻衬

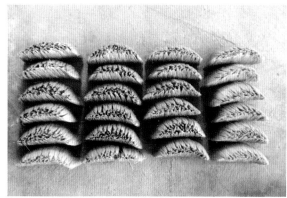

分麻衬

搞衬

派麻仔

摊麻仔

煎衬

衬

煎衬。麻胎笔要大煎大圆,所谓大煎大圆就是把麻仔与毫摊平,均匀地合拢,将麻籽分6份,每3份为半个衬,头衬合于两毫中间。麻仔的夹法为,5麻上毫、上头麻、上毫、上3麻为半衬,完分2手。再6麻上毫、上2麻、上毫、上4麻,完分2手。上半衬的一手与下半衬中的一手相对为一对,再将已上好对的衬上一对为二对收衬。麻轻功重的说法在此犹为突出,毛长在6mm的情况下都要捏住不下水,且能梳理通透。京本水笔中常说的"箭独"就是指6mm长的麻独衬。

四

上述技艺适用于一般扬州水笔的制作，而扬州水笔中又有一些品类特殊的毛笔，需要更为复杂的技术，其工艺尤为特殊，且为普通毛笔技师难以把握，现举例如下：

制作鸡狼毫毛笔

鸡狼毫毛笔与其他笔不同的地方在于盖毛的制作。鸡毛制作时，挑选枣红色雄鸡的颈部毛，去其中间的粳，撞齐，用清水挤透后齐毫。在切鸡毛时，盖毛尖部与笔心尖相比低1—1.5mm，然后一刀齐便可以，注意盖毛口不能太齐，要有自然感，煎鸡毛时尽量少或不接近石灰水，以防损伤毛质，打折均匀便可盖笔。制作鸡狼毫笔心，选用淮北尾及大秋尾，在盘尾时，特别需要注意把握好脱脂程度，齐毫时需层次分明清锋亮顶，压毫时剖毫刀法准确无误。盖笔上灰后干燥度在70%—80%时，立即扎线，下线方法与其他麻胎相同。

制作奏本毛笔

奏本毛笔选取京东大秋尾为笔心，麻为衬垫，笔心的制作方法与一般笔相同，但奏本的盖毛要求十分严格，称之为"青花盖毛"。"青花盖毛"一般选用大花齐整、毛锋光亮的皮取毛，起毛时要特别注意分清，上路、下路、边路、头路、二路，不得在挤毛时混肴。齐青花毫时，不打含绒及脱绒，拖毫成线，勤反调手，不乱点花，倒根时注意观察花的动向，做到尖齐、花齐、根齐。压花盖毛时，选用盖毛制长的长度，（盖毛制长是指成品盖毛从笔柱尖部到笔头根部的长度，如笔心24mm，盖毛未裁前的长度是36mm，需要目测花口的大小决定盖毛制的尺寸，一般说盖毛制要比笔心长12—15mm。）把制口平贴上花口，一刀齐切下，再用麻桩挡梳头煎对，用量自己把握，共七折，扎籽上凡水后，分盖毛，打一折，搞盖毛，盖毛小顶与笔心平顶搞下，当然还需要目测盖毛与笔心的匹配程度。制作奏本笔，采用下线法扎笔。装套笔杆按"杆抱笔"的要求，不宜太紧，修笔要将青花口挑齐。

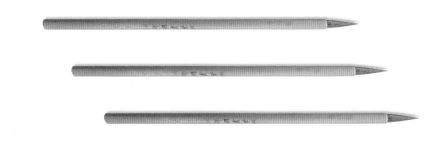

鸡狼毫水笔

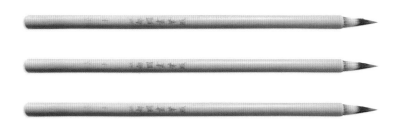

奏本水笔

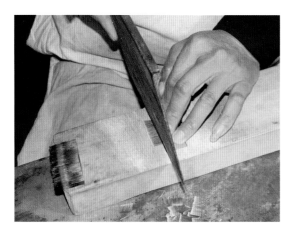

压青花

煎青花

制作湘江狼顶毛笔

湘江狼顶笔心选用东北上等中秋尾和母原秋及高毛小尾巴,齐毫、压毫均与奏本制作技艺相同。出样在下花肚处略平,需留有下脚的位置,湘江的下脚为黄色、蓝狼顶为蓝色、红狼顶为红色。齐下脚时可以将下脚锋口用尖刀在齐毫板上杀齐,按着笔样,把下脚免锋统一,然后再将下脚锋口接着盖毛青花下口裁切,但切时需注意青花口的上部位置准确。盖毛用碎盖羊毛或小羊羔毛,在盖笔时不可将盖毛片的前角、后角、上面、下面或其他盖毛片的零头合并,用于一支笔上,否则会发生下角口不齐的现象,影响质量和美观。为防掉色,盖笔时一定要勤盖勤上灰吸水。

制作白描笔

白描笔与白圭笔、红圭笔的制作方法相同,根据各个品种及要求,将白猫皮挑选归类,经过潮铲、印、拔、洗、上、齐、压、煎对、整、嗑、扎、装、修、套、刻、盘等十八道工序精心制作而成,是精细美术、仕女人物、照相制版、精密仪器的必备工具,起着极为重要且不可替代的作用。做工精巧细腻,其技术关键是"匀、润、柔、齐、嫩",也就是煎对均匀,笔头圆润,刚中见柔,锋尖整齐,锋状细嫩。

湘江一品

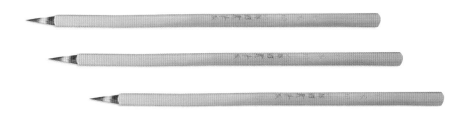

红狼顶水笔

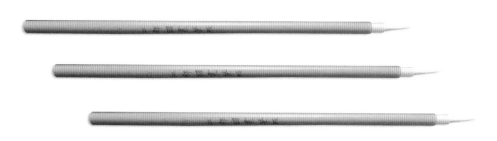

白描笔

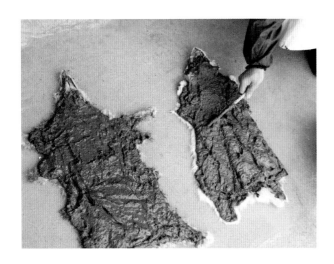

印

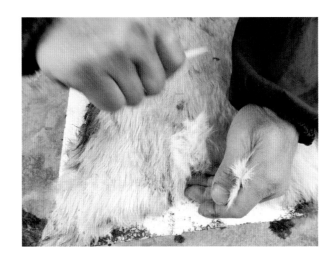

拔

上

齐

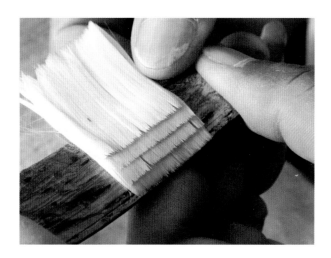

压

煎

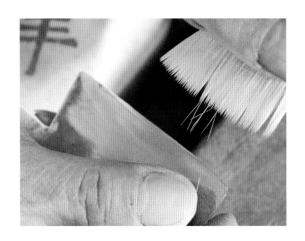

整

嗑（一）

嗑（二）

扎

制作鼠须水笔

其性能极佳，从古至今书者无不知晓其功能独特，是古代应试书写最佳用具，宜书宜画，得心应手。一支好的鼠须笔可书写碑文万余汉字，即便毛锋开始磨损，直至锋状磨秃，仍能继续使用，由于此笔选料十分考究，制作繁难，故此技艺已失传多年，近期才由扬州得以恢复。

鼠须笔选取苏北平原的野生季节（霜降后到立春时节）淮兔上等毛皮正脊梁中的约3%—5%的尖长毫（含边尖毫），简称"淮尖"。先将选定好的淮兔皮一张张毛向下，皮板在上，用吸水布蘸清水将皮肉面擦潮，每隔1—2小时擦一次，需擦2—3次，注意不得将背面的毛进水。每擦潮时都要将皱皮拉开拉平。用干草灰92%，石灰膏10%，石碱8%溶化水，放入溶器加清水调和均匀为壮糊灰，再将已擦潮的兔皮皮向上拉平滩于泥土平地上，将皱皮彻底拉平，地面不得太潮湿以防将兔毛印湿，谓之"印兔皮"。壮糊灰涂在兔皮板上厚度需1cm以上且均匀，切不可将底面沾上糊灰。约1.5—2小时便可起毛，不得时间过长，以防脱绒影响下道工艺。

起毛前须备好盛毛工具筛盘，并与起毛板上检查是否成熟能拔起，用起毛板（牛骨做小板约2.8cm×15cm无孔一边带口约45度打磨光滑）在起毛时能听到嚓嚓的轻脆声而且100%连根拔起。用左手按皮，右手四指握板拇指夹毛成45度尽量少带绒拔起，拔毛时要根据皮张的大小分正脊居中各起一片，上下边毛各起一片，特大厚皮毛可分上中下脊毛边毛各三片，每起好一片都要双手将毛理顺夹在手心搓揉成团状，依次分类排列，千万不可将一张皮上的毛混为一坛。

上毛取尖时，将起好的正脊毛边毛分类抓于左手手心一叠一叠在清水中挤潮湿再分片分理，理根齐成片，千万注意不可将未上理的胚毛浸入石灰水，此毛锋最脆弱，一旦浸入石灰水，毛锋将全部腐烂，这是鼠须笔的大忌。毛尖理齐后去少量绒毛，再将根部最长的部分取下理成片，根据毛锋的长短优劣分为一、二、三类，取下的淮尖及时梳片晾干，边毛也用同样方法，不要将尖下的二路毛混入尖中。在上理过程中一定要留适当的自然绒给下道工序。余下的为兔毫再分二路、三路兔毛了。（在山兔毛中除紫尖，花尖外叫做头路，尤为珍贵，其他三花、四花在扬州水笔中也大有用途。）

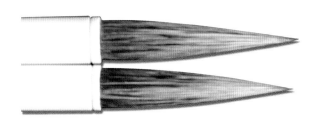

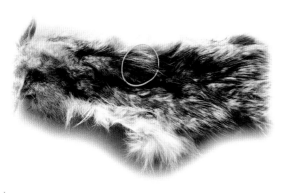

淮兔皮

打尖绒

齐淮尖

贴尖破毫

水盆制作鼠须笔也很考究用水,应使用淡河水、不含盐碱的地下水,有条件的地方选择纯净水,制定其数量作为操作目标,一次性制作的数量以 200—300 支为宜,起水时间越快越好,要求出水鲜,因为毛长期在水中受到细菌及矿物质的侵害,对笔毛的寿命影响极大。将备好的一、二、三类的淮尖用石灰水腌制去油脱脂,千万注意轻脱脂,大忌重石灰水和时间太长,只要把握以不滑为标准。亦可使用高温脱脂法,将淮尖毛夹于两块 5cm 宽 ×20cm 长的薄木板间,用麻线扎紧,越紧越好,再将扎好的原料放入溶器隔水清蒸 20 分钟后取出凉透备用,不得将夹板松开,因为夹板是起到了定型作用直

至凉透发硬才能松开。

制作过程为齐毫、压毫、选择盖毛同时裁切(裁料配料各派风格异同)煎对出样、圆笔、盖笔、火扎笔以及选择合适的笔杆进行装配。其他未尽工序与普通制笔大体类似,所不同的是盘头的深入,更须精准到位。

制作兼毫

兼毫笔,是两种动物毛以上合并制作的毛笔,是取软毫和硬毫的掺合,达到软硬兼而有之的目的。原料配方各异,众厂家保密。扬州毛笔的最大亮点就是软硬适中(偏硬),兼收并蓄,由于日本人的握笔姿态与中国人有别,故此,扬州毛笔深得日本市场的青睐。

第四讲　毛笔与书画

就如同"鸡生蛋，还是蛋生鸡"的难题一样，书画的创作与毛笔的关系也是如此的复杂。究竟是人类创造了毛笔，使得书画这门艺术得以存在，还是书画的衍变催生了毛笔制作技艺的蓬勃发展？作为具体的制笔者和用笔者来说，这个问题，或许不必深究，然而大家都明白，书画艺术与毛笔之间存在着相辅相成的关系。

中国毛笔已有数千年的历史，起源可追溯到新石器时代。从新石器时代的陶器上的纹饰看，可辨认出毛笔描绘的痕迹，证实了六千年以前我们的祖先已用最原始的笔来描绘优美的纹样了。今天书写工具如铅笔、钢笔、圆珠笔等种类数不胜数，以及甚至用电脑等科技产品代替了笔的使用，在古代中国，上至天子，下至庶人，无不用笔来表达文思。作为中国当时唯一的书写工具，书不藉笔，犹如行不由径，故《扬子法言》云："孰有书不由笔？"所以，毛笔的发展与历史的发展与人类的进化有着密不可分的关系。

———

笔工与书画家关系密切。如果说万花筒

的制作是为了让人们看见五彩缤纷的世界，毛笔的创造则是使人们有能力将这大千世界记录在纸上。毛笔除了作为普通人的书写工具之外，更是文人墨客们进行创造的主要手段，书法家们用文字叙述，画家们用图像描绘，无一不借用毛笔得以实现，而书法与绘画又细分为多种类型，产生了不同的艺术表现形式，不同的表现形式又需要应用不同功能的毛笔，使得毛笔的发展，不断向横向与纵向上延伸着。

"工不能书何以笔，士须知笔乃能书。"而人们的喜好存在千差万别，应用毛笔也是如此，这就使得制笔者的责任越发重大。一

名优秀的笔工不但要具备高超的手艺，还应该懂书画，不懂书画，就不容易掌握制笔的要处。

元代笔工张进中在当时名满天下，技艺非凡，重要的原因之一就在于他懂得书法。元文学家王恽记录了张进中替自己修笔的经历：他将一支使用已久、形同敝帚的大笔送给张进中修复，经过他一个多月的努力，终于变废为宝。王恽非常感激，赠诗称："书艺与笔工，两者趣各异。工多不解书，书不究笔制。二事互相能，万颖率如志。"张进中将制笔与书画精神融会贯通，所得之笔非同凡响，使旧笔重新焕发出生命。笔工只有兼通书画，制笔才能真正得心应手。笔工只有熟悉用笔者的书写习惯，才能真正做到量体裁衣，作出称心的笔来。

明代湖州著名的笔工王古用，工于制笔。据清卞永誉著录，王古用以善制笔，为四方人士所称道。他技艺精湛而志向专一，制作精巧细致，十分耐用，以致他所制作的毛笔，达到了供不应求的局面。但王古用并不沽名钓誉，也不居功自傲，"不衒贾，不近名"，他始终认为"处夫用不用之间耳"。于是童冀感叹称："予闻而韪之。夫夏卣商彝，古人所以享郊庙也。俾用之今日，则必骇众目矣。云门咸池，古人所以备雅乐也。使用之后世，则罔谐里耳矣。然世虽弗用，诚有之，亦未尝弗贵重焉。生虽负一艺，以今之用而寓名于古。盖将以自重也，而世亦且重之矣。使夫名为士者，诚以古道自处，则世孰得而轻之哉？金华山人童冀记。"文章表达了作者对王古用以古道处世的脱俗品质，而这是连一般读书人都难以企及的境界。正是笔工的人格魅力以及高超的技艺具有非同寻常的吸引力，所以文人与笔工之间的互动才能超越物质层面，进入了至深至纯的精神交流境界。在等级森严的古代社会，二者之间的深层交流，越能体现书画家心目中笔工的重要性以及书画家对于毛笔的挚爱与倾心。

又有明代诗人平显有《赠笔工王古用》："天机精到法古用，落墨应手蛟龙骞。词林巧匠众称赏，市者争置筥筒钱。怜余腕脱艺羞涩，月赠两朵辛夷莲。随心运肘称任使，快若断割操龙渊。"这里诗人表达了对王古用技艺

湖笔

的赞叹以及他们之间的真挚情谊。"呼童磨香櫋卜露，写寄一幅银涛笺。期子何时鼓归舵，有意同问湖州船。"书信的问候，重逢的期待，二人的深厚情谊溢于言表。

古有张进中、王古用等技艺超群的笔工，今有扬州水笔一派的制笔大师们，他们懂画能书，在多年的制笔生涯中，对毛笔的性能等各方面都了解得十分透彻，在与多位书画名家的交往过程当中，也形成了共识——让每一位前来求笔的文人墨客们都得到最适合自己的专属毛笔。

2013 年，扬州市江都区文广新局、文联向佘其春制笔艺术大师转达了星云大师要求定制十支毛笔的事宜。星云大师书法功底深厚，但因年事已高，目力不济，于是更加偏爱连笔书法，所用毛笔则要求"尖中有力"、笔头圆润、刚柔相济、含墨量大，以便他一次墨蘸，一笔到底，一气呵成。制笔大师佘其春在接受

了为星云大师定制毛笔的任务后，精心研究，反复尝试，对笔头进行了改进，科学配置动物毛和麻丝，使毛笔外刚内柔，蓄墨量大幅提升，终于制作出适合星云大师需求的十支毛笔。星云大师在使用了佘其春为其定制的毛笔后，感到十分满意，特派平山堂管家和尚为佘其春送去亲笔写的墨宝"骏程万里"，并再次约请佘其春为其另制四支大号毛笔。

原江苏省委副书记顾浩先生与石庆鹏大师等交谈

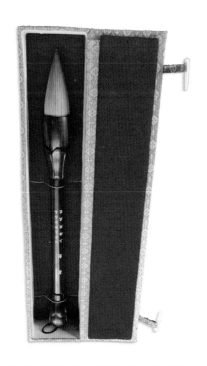

佘其春制笔艺术大师为星云定制笔

为原中共江苏省委副书记，江苏省文学艺术界联合会名誉主席顾浩制作"小辫子笔"时，江都国画笔厂石庆鹏，根据顾浩书法灵动飘逸，粗细变幻的特点，特地做了支"四不像"的笔，样子虽与众不同，但深得顾浩先生喜欢。石庆鹏曾说过："要表面形像并不难，难的是要真的符合书画者的艺术特征，造出他想要的艺术效果……因为不同种类的动物，以及每只动物身上都有各种形状的毛，把它们捆扎起来，每个部位的毛扎出来效果都不一样，所以要研究毛笔原料出自哪种动物，及

原江苏省委副书记顾浩
先生为江都国画笔厂题字

动物身上哪一块的毛,经过精良制作,才能达到完美。"

制笔在文房制品中被看作难度最大的一项。元人方回赠笔工冯应科诗称:"文房四宝拟四贤,最不易致管城伯。乍可微钝勿太尖,又恐过肥宁少瘠。"又因"羲之能用柳公嫌,伯英岂知仲将爱",想要做出精美而又适合的毛笔,更是难上加难。笔工与书画家的心理相容,相交相知,这种微妙地默契,使得毛笔的价值超出了它本身,上升为艺术。

二

毛笔与书画相得益彰。中国书画发展几千年都与毛笔有着密切的关系,可以说,毛笔的演进极大地影响中国书画的发展,中国书画的演进也在诸多因素上推动了毛笔的不断完善。

毛笔初创时期,毛笔的形制是单一的,由于对毛笔知识的缺乏与技术的简陋,毛笔的形态制约着艺术的表现。例如各种彩陶上的线描,单纯简洁,变化不大。

早期书画作品中,毛笔的性能对其影响仍然较大。1985年江苏连云港西郭宝汉墓出土的毛笔,笔头总长4.1cm,纳入腔内2cm,因此露于外的笔锋只有2.1cm,可推测当时毛笔笔锋大致只有2—3cm。笔毫也为弹性大的硬毫,且蓄水量少。由于此时毛笔都是短锋硬毫笔,所以此时的绘画主要以线描设色为主，有"曹衣出水 吴带当风"，也有"春蚕吐丝，行云流水"，线条运笔的灵动自如达到了最高境界，方中带圆，圆中带方，笔法带着点模式化与稚拙感。唐代张彦远说："夫象物必在于形似，形似须全其骨气，骨气形似，皆本于立意而归乎用笔。"线描作花，是中国绘画发展的第一个阶段，有无笔墨，成为了评价中国书画优劣的一个重要标志。

自从毛笔形制确立并得到发展以后，隋唐的制笔业在魏晋南北朝时期的基础上有较大的发展，达到了更加兴盛的阶段。此时宣州制笔业迅速发展，一跃成为全国的制笔中心。唐代毛笔的形制主要为粗杆、短锋，笔头原料以兔毫为主，有少量鼠须、羊毫等，因此毛笔笔毫圆健而有弹性。

隋唐时期是各种文化交融的时期，绘画与书法也呈现出多样化的发展。展子虔的《游春图》开创了青绿山水的端绪，王维的泼墨山水也成为南宗之祖，书法中楷书、行

展子虔《游春图》（局部）

书、狂草等不同书体、书风并存，也是促成毛笔形制多样化的重要原因。其中最显著的变化就是长锋笔的出现。柳公权曾有《求笔帖》曰："近蒙寄笔，深荷远情，虽毫管甚佳，但出锋太短，伤于劲硬。所要优柔，出锋须长，挥毫须细。管不在大，副切须齐。副齐则波折有凭，管小则运动省力，毛细则点画无失，锋长则洪润自由。"这说明了之前唐代毛笔的主流样式已经不适合柳体书法的要求，于是，长锋笔应运而生。又因唐代佛教兴盛，寺庙中绘制壁画更是当时的时尚流行，吴道子一生就创作了壁画三百余幅，宗教画以人物为主，这就大大促进了工笔人物的发展以及勾线笔的使用。这也体现了毛笔的发展并不仅仅是自身发展的结果，它更是顺应了书画的风格特征而进行改变的。

硬毫毛笔支配了隋唐、五代两宋时期整个绘画系统，使中国山水画得到飞速发展，达到高度成熟。特别是各种皴法的创造，丰富了中国山水画的表现方式。

文人画的出现，使得毛笔发展到一个新的阶段。明董其昌提出"书画同源"，随着诗、书、画逐渐结合，以及突出作品中文学性和对于笔墨的强调，以蓄水量多、毫软、效果湿润柔合且更能表达意境的以长锋羊毫笔为主的软毫笔代替了粗壮刚劲的宣笔而盛行。如《渔夫图》中江南水乡，意境幽深，浓淡分明，画面透明而光亮，俨然是长锋软毫笔的杰作。

由于明清时期毛笔种类多样，众多画家也尝试着使用各种性能毛笔，追求着自己不同的绘画风格。毛笔也并不拘泥于长锋软毫，

明代著名书画家董其昌书法

如浙派的戴进,取法马远、夏奎,吸取董源、范宽之长处,采用类似于长锋硬毫来作画。

毛笔因书画而兴,书画因毛笔而盛。笔的材料品质会引发不同的审美趣味,由此而形成不同的语言特色。选择不同毛笔可能导致书法风格变化。不同种类的笔对书法创作风格有不同的影响:张即之喜用退笔书写大楷,别具雄强之风;陈献章的硬拙书风与茅龙笔便有直接关系;八大山人运用退笔表现其篆籀般行草线条。

撇去历史的横向发展对毛笔的影响不谈,针对书体的变化,毛笔的选择就有所不同。草书、行书择笔的标准比较宽松,楷、篆、隶等正体书要求严谨工稳,择笔要求较为苛刻。是故,明人周显宗称:"人有云'善书者不择笔',此亦未为通论。或指写行书、草书者言之也。若夫楷书、篆书、隶书,其笔各有所宜,用不可不择之也。"

篆书隶书宜用羊毫或兼毫,因为它们伸缩性大,吸墨较多,线条饱满,转折之处不致生硬机械;行书草书适用狼毫或兼毫,因为狼毫、兼毫硬挺,挥运轻松自如,符合行草行笔的行云流水之特征;真书运笔快慢适中,所以用羊毫、狼毫、兼毫皆可。但是,具体情况具体分析,不必拘泥,需要根据情况和人的喜好而变通。书写时"以软硬为调剂,而选笔之能书毕矣。主硬笔者,每以宋以前书家俱用硬笔为言,其人为专主羊毫者同一偏见。"如果不顾书体的差异,单调地强调使用一种笔,就如同纸上谈兵,终不能达到形神兼备的效果。

选笔,主要是选择毛笔的笔头,依个人的用笔习性,书写字体与国画各种用途之不同,可选择弹性较强的狼毫、兔毫、牛耳毫、山马毫,或弹性较弱的、笔性较温驯的羊毫笔,或者介于二者之间的兼毫笔,一般的初学者用笔大致如下:

兼毫笔,适用于楷书、隶书、花鸟;羊毫笔,适用于篆书、隶书、山水着色;狼毫笔,适用于行书、草书、四君子、山水;山马毫、石獾笔,适用于山、石、树、枝;勾线笔,适用于画眉、叶茎、人物线条;还有一种胎发笔,是用小孩胎发制成,一般用作纪念,有祝愿孩子日后高中的寓意。

三

书画家喜爱专用毛笔。就像运动员们有自己的专用球拍,钢琴家有自己专属的钢琴,歌唱家有适合自己嗓音的话筒一样,书画家都有自己专用毛笔,用着顺手,写时自然就顺畅了许多。"巧妇难为无米之炊",虽然历史上诸如欧阳询、虞世南、裴行俭等书家不择笔且能随心所欲,尤其书写行草书时,不择笔的现象更为多见。究其原因,书家作为主体可以驾驭甚至超越毛笔这个客观的工具,灵感涌现,偶然欲书,不择纸笔,这是"无意于佳乃佳"的心理现象;但也存在褚遂良非精墨佳笔不下笔的情况。"工欲善其事,必先利其器",这应是理所当然的。所以,书画家常有择笔的喜好。

张光宾在《笔性与书家好尚》一文中指出,魏晋以后书家依照自己的习性择笔。唐时举子应试多用鸡距笔;宋代诸葛笔仍沿唐制毫健心圆;元明以后,学者渐尚羊毫。这种分析言简意赅地概述了毛笔的历史。还指出"毫的本性强弱之外,而锋颖短长又各具刚柔。即强毫锋短,有柱、有被,其性更健,如唐、宋旧制的鸡距笔;若强毫锋长而细,其性则强中带柔,如近代发现两汉以前的古笔与宋代黄庭坚爱用的紫毫无心枣核笔。反之弱毫锋短则较健,锋长则更柔。"

在书画家的手中,毫羽是有灵性的。古人云,笔墨精良乃人生快事。"书圣"王羲之书《兰亭集序》用的是精良的鼠须笔,鼠须笔毫硬,弹性强,书写劲挺而秀媚,再加上羲之

王羲之《兰亭序》(局部)

深厚的书写功力,《兰亭集序》得以千古传芳。在晋时的书论中可以得知,古人对笔的要求十分苛刻,王羲之的老师卫铄就直言:"笔要取崇山绝仞中兔毫,八九月收之,其笔头长一寸,管长五寸,锋齐腰强者",可见得一管好笔着实不易。《张大千传》中记述,张氏对笔的要求非一般人所可及。他会差人到巴西高原上,从几千头牛耳中掏出一公斤重的耳毛,再空运到东京著名的神田玉川笔庄,筛选提纯后,制成上乘毛笔八支。这种例子当然是分外极端的了。

可是,人越是往书法艺术的深处挺进,对笔的要求就越发讲究起来,这是必然。

宋人米芾,运用大量侧锋,又加渴笔,一落纸如风樯阵马骤雨旋风,却极少浅露凋敝。他自诩能"八面出锋",能用笔如"刷",倘没有好笔,殆不敢夸此海口。在创作中,毛笔无疑具有至关重要的作用。因此,书家必定要选择适合自己的好笔来挥洒。不称意的笔就如弯曲的筷子、腐朽的竹篙,费力不讨好,这

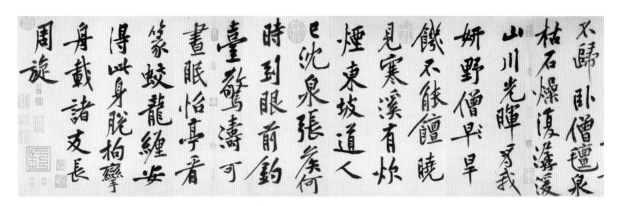

宋代文学家、书法家米芾《松风阁诗帖》

也是米芾的体会与告诫。

南朝人鲍照有一首《飞白书势铭》，起首二句着实令人怀想："秋毫精劲，霜素凝鲜，沾此瑶波，染彼松烟"，一派和谐气象，此刻援笔纵横，是何等的惬意和快乐啊。艺术创作过程讲究和谐，除了兴致之外，还需要心境、氛围、气息、习惯，甚至小到万毫之中的锋颖。

必须交代清楚的是，书家不择笔并非不择优劣，而是不择新旧。佳笔即使用秃了、用旧了，仍具有尖齐圆健的优点，依然能得心应手；若是劣笔，即使新的也不能称心如意。所以王右军父子非宣城陈氏笔不书，韦诞喜用张芝笔，东坡喜用杭州陈奕笔，指的就是这个道理。

书画家碰到不称意的毛笔必换之为快，这往往能在历史中找到许多生动的记载。鲜于枢在其所书《杜甫〈茅屋为秋风所破歌〉》款文中抱怨毛笔质量低劣，以致于他换了三次笔才写完这首诗。其跋文曰："右少陵《茅屋为秋风所破歌》，玉成先生使书，三易笔竟此纸，海岳公有云：今世所传颠素草书狂怪怒张，无'二王'法度皆伪书。"鲜于枢对器具十分讲究，在其《赠笔工范君用册》中提出"百工之技，唯制笔难得其人"。他还分析其

原因在于制笔要求通晓书法，而书法太难通。他在文中还批评了制笔因为贪利而失败的现象，告诫范君用不要重蹈覆辙。

更为严重的情形发生在王宠写《王昌龄诗》的时候，为了写完这件作品他竟然换了八次毛笔。明嘉靖五年（1526），王宠应朋友之请，书写王昌龄诗十二首。所用的纸为吴中新制的蓝色粉笺纸，此种纸极易损坏毛笔，以致他八易其笔才写完此卷。由此可想见纸笔不合给书家带来痛苦与无奈，也尚可见书家对笔苛刻的要求和敏感。由于频繁地更换毛笔，此卷后半部分明显比前面字形大了许多，其章法的整体性受到了一定的破坏。王宠在此卷尾跋道："年甫简持此卷索书，乃吴中新

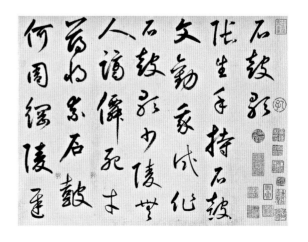

元代著名书法家鲜于枢书法

明代书法家王宠书法

制粉纸，善毁笔，凡易八笔，方得终卷，中山之毫秃尽矣，勿怪余书不工也，当罪诸纸人，王宠识。时丙戌十月既望。"言外之意，我书法不佳的原因在于纸张太差了。这种解释，令人忍俊不禁。

　　就书家而言，笔不佳亦不利，久之易坏手法，以致形成不良的手势与笔性，后患无穷。纸墨不佳，亦有此弊端。元末孔齐在《至正直记》中说："笔不好则坏手法，久而习定，则书法手势俱废，不如前日矣。……此吾亲受此患。向者在家，有荆溪墨、钱塘笔，作字临帖，间有可取处。及避地鄞县，吴越阻隔，凡有以钱塘信物至，则逻者必夺之，更锻炼以狱，或有至死者。所以就本处买羊毫苘麻丝所造杂用笔，并市卖具胶墨，所以作字皆废。"由此足以见得差笔劣纸的危害之大。良好的书写工具，再加上扎实的书法功底，自然比那些空有本领，确拿一支烂笔头的写得更好一些。

　　为了适应新的情形，书家不但要择笔，还要参与制造毛笔或改善毛笔。张芝习书勤苦，家中的帛必先书而做衣。他以帛习字，取其篇幅宽大，行笔使于驰纵。可是未煮练之帛为生帛，比之简牍，吸墨既快又多，故他改良毛笔的蓄墨量，使之适应于缣帛，且能连绵而书，墨不枯竭。张芝改良毛笔使用生帛无疑促进了章草转变为今草的进程。其一，绢帛面积大，提供了多行并列书写的可能性，这自然要求书家关注行与行之间的章法关系，章法必定影响到单字的结构与用笔问题。其二，改良的毛笔蓄墨多，绢帛吸墨较快，这必然影响到行笔速度与书写的连贯性，从而使字字独立、结构端庄的章草慢慢演变为连绵飞动的今草。

　　虞世南《笔髓论》"管为将帅，处运用之道，执生杀之权，虚心纳物，守节藏锋故也。毫为士卒，随管任使，迹不凝滞故也。"笔杆能虚心纳物，守节藏锋，这是赋予了毛笔以人

唐代著名书法家虞世南《孔子庙堂碑》

性。画家用毛笔寄情山水、书家用毛笔挥毫泼墨,他们的思想感情自然通过毛笔抒发出来,久而久之,毛笔也染上了笔者的人格,就像沐浴在晴朗的阳光下,身上也带着暖暖的味道。

"画舫乘春破晓烟,满城丝管拂榆钱。千家养女先教曲,十里栽花算种田。雨过隋堤原不湿,风吹红袖欲登仙。"这是郑板桥眼中的扬州,也是他向往的生活。而这种闲静自

郑板桥《兰竹图》

若也体现在他的"难得糊涂"当中,难得糊涂,不是糊涂,而是用平和的态度去对待人生的艰辛与困苦。郑板桥爱用羊毫笔,以"六分半"书写,如"乱石铺街",看似随笔挥洒,整体观之却产生跳跃灵动的节奏感。板桥的书法"结体精严,笔力凝重,而运笔出之自然,点画不取矫饰","处处像是信手拈来的,而笔力流畅中处处有法度",这也正是郑板桥"难得糊涂"的精神所在。

四

当代书画家对扬州水笔的评价极高。扬州水笔,最早出现于五代十国年间。而真正把扬州毛笔写进历史的,是在清嘉庆年间,《重修扬州府志》,"扬州之中管鼠心画笔,用以落墨白描佳绝,水笔亦妙"。

兼具南北方用笔的特点,通过120多道繁琐的工序,扬州水笔以其独特的涵水功能,精美的制作工艺,得到了社会各界人士的好评。

著名文史专家和书评家朱福烓先生曾会同江南儒生为扬州水笔作诗:"千挑万拣凝秋毫,细梳孔麻惊技高。润物试锋浑不觉,落纸云烟逐心潮。"他认为,狼毫(兼毫)笔挺健,羊毫笔虽软但不失柔韧。书法作为

著名书法家朱福烓先生

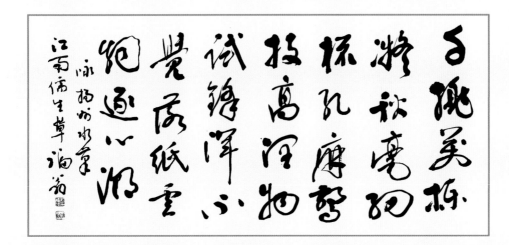

著名书法家朱福烓先生为扬州水笔而作

线条艺术,挺健的笔要体现出圆润,柔软的笔弹性和力度要好。书家都有自己的基本风格,但所用之笔力不从心,书法的线条之美就表现不出来,书法是一种有意味的文化形式,要靠毛笔来表现。书家对所用之笔及其制笔工艺要求很高。他认为扬州毛笔能达到这样的效果,为书画家提供了最优美的书写工具。扬州毛笔既保持了原有的特色,又不排斥现代的工艺,是很优秀的。开辟笔的资源,将传统制笔材料和新材料相结合,是毛笔制作技艺的改革与创新,继承而不拘守,创新而不失本。

江苏著名书画家、剧作家苏位东先生,赠言扬州水笔"风正一帆悬",他说:"文房四宝笔墨纸砚,笔列四宝之首。中国的汉字,用毛笔书写,方能多姿多彩、变幻万端。毛笔的神奇,在于运用自如者可以写意,可以传情。因为有了毛笔,世界上才产生了一种独特艺术门类——书法。江都,在历史上也是毛笔之乡,而江都国画笔厂就是其中生命力最强的代表性企业。从 20 世纪 80 年代开始,我便有幸用上了他们制作的毛笔。他们的厂长石庆鹏先生,是个追求完美、精益求精的专家,因而,生产的品种,选料精良、工艺精到,堪称书画笔中之精品,为众多书画名家交口称赞。"

原江苏省国画院院长、著名书画家宋玉麟先生赞扬州水笔:笔随人意,石庆鹏制笔

著名书画家苏位东先生

大师所精制毛笔广为书画家之欢迎。传承创新，笔精方能墨妙，庆鹏大师之笔当之无愧也。

创新，是扬州水笔得以发展的又一重要原因。自秦蒙恬取羊毫制笔到上世纪80年代，中国制作毛笔的技艺一直保持着原始的工艺流程。上世纪80年代以后，随着与国内、国际上的交往与学习的密切加深，以及新兴科技的引进，毛笔制作在原料的配比方面有了革命性的改变，其中，尼龙材料的加入就是其显著的变化。尼龙毛制笔由日本发明并引进国内，在中国各流派中，扬州水笔用的最早，比湖州湖笔早了足足十年。尼龙毛的使用，增加了毛笔原料的可选性，降低了毛笔的制作成本，增加了毛笔的寿命，拓宽了毛笔在大众中的应用范围。

当然，并不是说尼龙毛可以取代动物毛了。尼龙毛最大的弱点就是涵水易漏，通过500倍的放大镜下可以看到，尼龙是光滑的，而动物毛有鳞状组织，含水量好，易于表达艺术家的意境。动物毛有其无法取代之处。

古代，有才华的笔工大有人在。清代沈德潜记载了精通诗歌、立行不苟的笔工沈源。士大夫不以艺人对待他，而誉之为隐于制笔业的高尚诗人。笔工与文人交往颇为频繁，他们之间的互动非常广泛。在文人心目中，一名优秀的笔工不但要具备高超的手

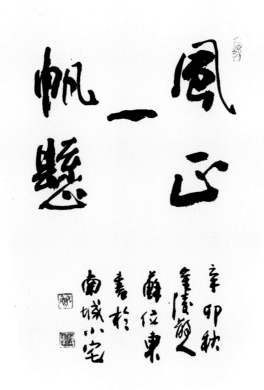

苏位东先生赠言扬州水笔"风正一帆悬"

原江苏省国画院院长、著名书画家宋玉麟先生为石庆鹏大师题字

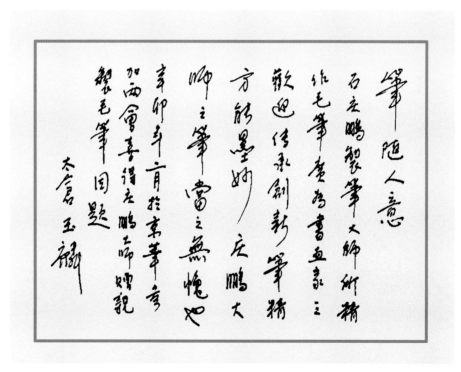

释文：笔随人意，石庆鹏制笔大师所精作毛笔广为书画家之欢迎。传承创新，笔精方能墨妙，庆鹏大师之笔当之无愧也。辛卯年二月于京华参加两会时　喜得庆鹏大师赠亲制毛笔因题　太仓玉麟

艺,还应该懂书法,同时不能嗜利贪财,否则就会半途而废。就像所有的艺术一样,高尚的艺术容不得一丝的杂质,制笔如果抱着功利的态度,是无法制出良笔的。所以,笔工应该追求"技可进乎道,艺可通乎神"的境界。

扬州水笔的制作,如同下一盘只可赢、不能输的棋盘,需步步为营,制笔的工序是复杂而又繁琐的,这不仅需要制笔者高超的制笔技术,更需要的是沉下心来,放空思想,一心只为做笔,任何的清新淡漠都是不能允许的,稍有杂念,就无法做出真正的好笔。

如上所言,正是由于扬州制笔师傅们的严谨与一丝不苟,坚守传统又与时俱进,才成就了如今扬州水笔名誉满天下的辉煌。

五

别具一格的毛笔的审美心理及艺术鉴赏标准。美,来源于自然,既有高山飞瀑、日月云霞的壮丽,又有狮虎奔马、雄鹰孔雀的生动,还有苍松翠柏、梅兰竹菊的韵律。所有这些现实中客观存在的美,都成为了艺术家们的创作素材:比如弘仁笔下的黄山,郑板桥画中的竹石,黄公望挥洒的富春山水等等。自古以来人们对于"美"的定义是各有想法的,对美术作品的创作与欣赏也各有观念。不过,总的来说,中国古代的审美观念在整体上的变化趋势是不大的,而到了近现代,随着现代科技的进入和西方价值观念的冲击,中国人也走进了一个新的时代。毛笔,随着社会的发展,其所蕴含的意义与价值也日渐丰富。

现代的毛笔,不仅是书写工具,而且上升为艺术品。对于毛笔,有人追求它的实用价值,有人更加看重它的观赏价值,这就促进了制笔者对毛笔的改进,不仅笔头制作精良,笔杆也更见笔工之匠心独运。比如扬州

中国传统文化促进会名誉会长,中国书法研究会副会长,
著名书法家李土生所书《国学经典》

水笔中的"青花瓷斗笔",选用青花瓷笔杆色彩鲜艳,既有实用性,又富观赏性;还有珍品"御笔",笔杆选自千年紫檀、黄花梨木并镶嵌象牙、驼骨等,纯手工雕制而成,是毛笔中极佳的收藏品。

中国书画经历了漫长的发展,有着深厚的传统,鲜明的民族特色和恢弘的气度,同时积累了数不胜数的笔墨技法,中锋、侧锋、逆锋、破笔、和勾、披、擦、点、染、工笔、写意等等。中国书画作为传统文化是一个巨大的宝库,与现代的思想相结合,在当今的书画创作中发挥着不可忽视的作用,也造就了一大批有所作为的艺术家。当代书画家们也在致力于改造造型材料和工具,引进和发明新的造型材料和工具。"脱离"毛笔的艺术创作也

不断涌出,例如皱纸法、扎染法、油染法、纸筋法、腐蚀法;水拓法、加油水拓、画版拓印法、皱纸拓印法、对印法等等应有尽有,开拓了水墨表现的题材内容。但是,毛笔,在我国艺术发展中的作用是无可替代的。

毛笔,作为中国书画几千年发展的见证,它是中华民族文化活动中的独特创造。它的意义不仅仅在于作为一种手工艺制品的精致和多样,更在于它作为中华民族本于自身的生活方式在文化创造上所做出的富于智慧的选择。由此,毛笔从材质、工艺到形制及其使用方式,便处处蕴涵、体现着中华民族的内涵和精神,它既是中华文化的创造和选择,又反过来创造、发展和延伸了中华民族的深邃内涵。

第五讲　扬州水笔精品赏析

唐秉钧曾在《文房肆考图说·笔说》中说："汉制笔，雕以黄金，饰以和璧，缀以隋珠，文以翡翠。管非文犀，必以象牙，极为华丽矣。"也就是说，至少从汉代起，毛笔就不仅作为书写工具而为人所知，笔管的用料和装饰也成为了毛笔制作的重要的步骤，毛笔逐渐向艺术品的方向发展。昔时，扬州曾出产过为数众多的精品水笔，但因为毛笔难以长久保存，如今也只能从少量的文字记载和老艺人的回忆中见其端倪了。不过，如今的制笔者们将传承与创新相结合，以实用性与欣赏性融为一体，创造出了一批批艺术精良的作品。

扬州毛笔以麻垫水笔最具代表性。传统的扬州水笔知名品种有数十种系列：鼠须水笔、狼毫水笔、狼圭水笔、兔圭水笔、猫白圭水笔、鸡狼毫水笔、大小乌龙水笔、奏本水笔、双料奏本水笔、蟹爪水笔、湘江一品水笔、狼顶水笔、绿颖水笔、殿市水笔、大小由之水笔以及白圭笔、紫圭笔、狼圭笔、胎发笔等等。通过对精品毛笔的鉴赏，可以增强人们对毛笔的审美情趣，体会当今毛笔技术与艺术高度融合的完美创造。

鼠须水笔

鼠须笔又称"鼠须管"或"鼠管",是毛笔品种之一。古代书家和文人,多喜用此笔。鼠须笔根据相关文献记载应源于汉代。《文房四谱·卷一》言,"王羲之《笔经》载《广志会献》云:'世传钟繇、张芝皆用鼠须笔,锋端劲强有锋芒……'"唐代何延之《兰亭记》曰:"右军写《兰亭序》以鼠须笔。"另唐代张彦远《书法要录》也有此说法。由此可见,书圣王羲之是用鼠须笔写成《兰亭序》的。另外,宋代大文豪苏东坡也喜爱用鼠须笔,在他的《题所书宝月塔铭》中有"予撰《宝月塔铭》,使澄心堂纸、鼠须笔、李庭珪墨,皆一代之选也"。鼠须笔并非用纯老鼠须所作,明代李时珍《本草纲目》言:"世所谓鼠须,栗尾者是也。"

鼠须笔制作工艺已失传多年。扬州鼠须水笔是以淮兔剑毫配入兔须制作而成,工艺繁复,笔头直径 8mm× 外露 28mm,笔管中间细,两头较粗,弧度美好均匀,木质精良,精雕细琢,中上方金色烫字,古朴淳厚,含浑大气。其行笔纯净顺畅、尖锋,刚柔弹力,写出的书法以柔带刚。

湘江一品

此笔由湖南原创，后由扬州水笔借鉴并成为传统产品。该笔选料考究，制作工艺十分繁复，无十年以上的功力者难成其果。特点是麻胎作衬，涵水不漏，带水入套，书写流畅，是抄录经文、批阅奏章、账房记账、工笔创作及蝇头小楷必备工具。选竹为笔管，因竹管不仅呈现其天然纹理，而且具有管直挺拔、不易弯曲的特点，另外由于其生长适应性较强、取材较为便捷、轻便实用、物美价廉的优点，竹制笔杆令人想起"竹林七贤"跳脱官场、拥抱大自然的高傲凌然的品行，弘扬老庄之性情，又在其上镌刻红绿字体，与笔杆颜色融为一体，醒目又不失儒雅，因而受到了普遍的欢迎和喜爱。笔头直径 5mm×18mm，笔头材料选用秋季小母黄狼尾毛，其毛锋细嫩、刚柔兼备，再配以"箭毫"，笔周黄、黑、白"三齐"，分色均匀，疏密相间，美观且有韵致，圆浑精巧，书写挺健、耐用，故被书家誉为"笔中之王"。

鸡狼毫笔

鸡毫笔,俗称"鸡毛笔"。王羲之在《笔经》中说:"岭外少兔,以鸡毛作笔亦妙。"宋代大书法家黄庭坚擅长使用鸡毛笔,或因其遭贬,生活贫困,高价笔买不起,只能买价廉的鸡毛笔用。鸡狼毫原为湘笔的特色笔种,《严复年谱新编》中称"鋆侄带来湘笔数十支,皆该匠精制。中间鸡豪数支尤卓有家法,他省匠不能及也。有裨区区文事不浅。"这里的鸡毫指的就是鸡狼毫。

20世纪80年代后,传统鸡毛笔已经基本绝迹,当今鸡毛笔的制作是采用山海关以北的黄鼠狼尾巴毛为笔柱,枣红色雄鸡颈毛制作盖毛,既兼具了狼毫健挺秀丽的特点,又拥有鸡毫笔柔中有刚,别具一格。笔头直径 5.5mm×22.5mm,笔杆坚硬挺拔,翠绿苍劲。鸡狼毫笔实际上是一种兼毫笔,作为兼毫笔比纯毫笔更加丰富,性能可健可柔、质量可精可陋,所以书写时宜书宜画,得心应手。

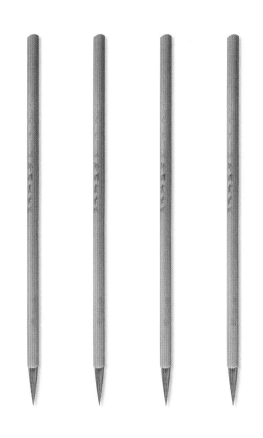

御笔

扬州水笔中的珍品"御笔",可见扬州毛笔制作技艺之高超。

笔头直径 22mm×77mm,选自邻近俄罗斯边界黑河地产黄鼠狼尾巴毛为主要原材料,该笔选用雄黄鼠狼尾毛为笔柱,雌黄鼠狼尾毛为盖毛,不同于一般毛笔石灰水脱脂方法,而采用原生态脱脂工艺制作,使其使用寿命延长。又毛长杆粗,弹性比兔毫稍软,比羊毫笔力劲挺,宜书宜画。笔杆选自千年紫檀、黄花梨木并镶嵌象牙、驼骨等,纯手工雕制而成。笔帽上金色字体"龙凤呈祥"及笔杆上部的"御笔"字样,华丽、端庄、典雅、大方,显其珍贵。

因原料珍贵,故产量极低。其身价可与黄金媲美,是毛笔中极佳的收藏品。

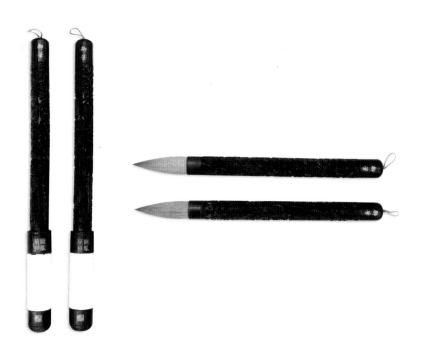

宫廷一品

"宫廷一品"是毛笔种类中的上乘名品。该笔笔头分三种规格：大号笔头直径13mm×66mm；中号笔头直径11.5mm×62mm；小号笔头直径10mm×58mm,皆具中强弹力。选用山海关以北至大兴安岭的正宗土种大寒季雄性黄鼠狼尾巴毛为笔柱,雌性黄鼠狼尾巴毛为批毫,并用加拿大天尾、嫩小羊须、鹿毛、山羊细嫩光锋为辅原料,采用脱脂新工艺,即用40目稻壳灰加温搓揉脱脂,再用60目稻壳灰加热搓揉,是为科学加键。笔杆独具匠心,选择前清景泰蓝工艺,配置镶嵌斗挂,蓝色为底,朵朵白花镶嵌其中,绿叶辅助,清丽庄重的色彩更显灵巧生动,握于手中,给人以圆润坚实、细腻工整、金碧辉煌、繁花似锦的艺术感受。充分体现了传承创新的思想,技术与艺术相结合,增强了该笔的艺术价值。使用寿命长,可书写万字以上无锋损。含墨不漏,刚柔相济,兼收并蓄,适用于行草书、大小写意山水及人物画等。

青花瓷斗笔

　　笔如其名。斗笔是一种大型毛笔,因其笔头连接在一个斗形部件中,上按笔杆,故名。它源于唐代,成熟于元代,盛行于明清。唐代佛道绘画的盛行,宋元文人画的精致淡雅,而明清时期绘画艺术精彩纷呈,随着制笔技术的提高和书画家们的艺术风格的多变,对于毛笔的要求也各有所爱,于是斗笔的盛行也不言而喻。当代青花瓷斗笔,突破传统,锐意创新,选用青花瓷做笔杆,绘腾龙升空,气势万千,又有蓝花点缀,精致脱俗,既有实用性,又富于观赏性。笔头配以羊毫、天尾毫、猪鬃等加键,羊毫选细长锋为盖毛,经高温脱脂使之含墨丰满,挥洒浑厚,苍劲有力,经久耐用,是书画家作泼墨山水、擘窠巨字的最佳选择。

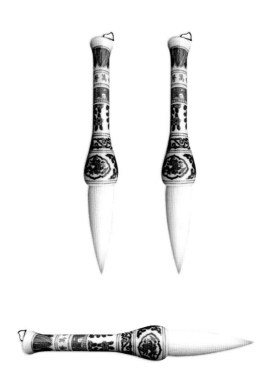

长锋鼠须

"长锋鼠须",笔头也有三种型号:大号笔头直径12mm×外露65mm;中号笔头直径11mm×外露60mm;小号笔头直径10mm×外露55mm,皆具刚柔弹力。选用平原淮兔箭毫中最长头路毫为主要原料,配以九江狸毫,嫩羊须、貉子胸毛加键,笔头毛色光润,白色到灰棕色渐变,浑圆壮实,细嫩光锋,刚柔相济。笔杆也独具特色,选自湖南湘妃竹镶嵌以中国台湾花牛角,色迹斑驳,如点点光影投射于松软的土地,清新自然。材质高雅,做工精致。湘妃竹又名斑竹,亦称"泪竹",此名由来源于神话传说,《博物志》说:"尧之二女,舜之二妃,曰'湘夫人',舜崩,二妃啼,以涕挥竹,竹尽斑。"见到这支笔杆,眼前仿佛浮现了这可歌可泣的故事,令人感触颇深。

长锋鼠须,兼具长锋笔与鼠须笔二者所长,刚柔并济,比较容易表现出瘦劲的线条,而且可以较为自由地表现出笔划起收处的修饰笔触,折笔转折之处,亦见浑圆,用途广泛,富于变化,适应性强,具有较高的观赏、适用和收藏价值。

画龙点睛

"画龙点睛"毛笔为毛笔名品之一。主原料为山兔纯紫尖毫，唐代诗人白居易曾作《紫毫笔》诗："紫毫笔，尖如锥兮利如刀。江南石上有老兔，吃竹饮泉生紫毫。宣城之人采为笔，千万毛中择一毫。"因其质软而毫健，富于弹性，笔画锋芒易为显露。而盖毛选用刚满月还未食草的小羊羔毛，造就了该笔上软下硬，刚柔并济的特征。笔杆拷红镶嵌黑色牛角，刚劲挺拔，且含墨适宜，笔头直径 5mm×28mm，是书写蝇头小楷、工笔画、照相制版用笔的不二之选。画龙点睛取名来自成语故事，南北朝著名的画家张僧繇于金陵安乐寺画四龙于壁，不点睛。每曰："点之即飞去。"人以为诞，因点其一。须臾，雷电破壁，一龙乘云上天，不点睛者皆在。这则故事原来是说张僧繇绘画技艺神妙，后多比喻写文章或讲话时，在关键词处用几句话点明实质，使表现生动而有力。"画龙点睛"毛笔正是体现着这种作用，一幅画即将完成时，在最细微处、最关键处运用此笔，往往起到画龙点睛的作用。寥寥数笔，便能凸显精神，点睛之笔，重在传神显韵。

灰鼠毫

此笔以东北野生灰鼠的尾毛为主要原料,是笔最大特点为毫软,以柔为特色,能在书画家手中运转自如,容易表达书画艺术的变幻莫测,别具一格。如果是采用加拿大和俄罗斯的野生灰鼠尾巴毛制笔则效果更佳。笔杆刚直挺立,雕刻"龙腾盛世"四字于笔杆下段,并在笔杆主要部位雕刻升龙腾空,盘旋于笔杆周身,龙纹与卷云相互缠绕,气势升腾,与"龙腾盛世"相呼应,寓意高尚,结构不凡。纯灰鼠毫制成的笔是书法大家最佳选择,而又不同于其他笔的广泛适用性,无书法功力者较难把握。"笔者,毕也,能毕具万物之形,序自然之情也。"若能熟用此支灰鼠笔,便能达到"具万物""序自然"的高逸水平。

长白山狼毫

"长白山狼毫"主料选自东北长白山野生黄鼠狼尾巴毛,即"辽尾",由于地处高寒地带,长白山的黄鼠狼尾毛的毛质较为细腻,不含杂质,且极富弹力,色泽鲜艳。制作时,均采用黄狼尾的阳面为笔柱,阴面毫为盖毛,经原生态工艺脱脂,科学加键,笔头直径为12mm×64mm,毛长而挺劲,含墨不漏,挥洒自如。用湘妃竹镶嵌红檀木斗挂为笔杆,庄重典雅,灵动大气,适宜书写和绘画,书法适用于草书、行书,绘画常见品种有兰竹、写意、山水、花卉、叶筋、衣纹、红豆等。

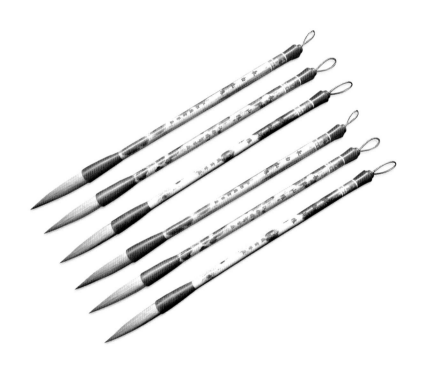

细嫩光锋

"细嫩光锋"毛笔的原料是生长在我国长江中下游地域的土种弯角山羊颈部毛,一般是在体重 12—15 公斤的雄性羊身上采集(在春夏之交所产小羊,交冬数九采收),笔头直径 15mm×80mm,笔如其名,细嫩光锋,不含一丝杂质,圆润富有光泽,弹性较小;硬度较低,毫端柔软,容易摄墨,笔毫便于展开,书写时婉转自如,适用于表现圆浑厚实的点画,为功底较深的书画家所珍爱。由于全球气候变暖,导致羊种退化,原料采集日渐艰难,故此笔市价昂贵。

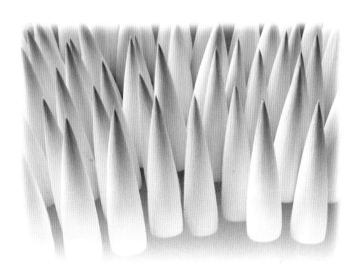

刚

因此笔弹力如钢,故取名为"刚"。此笔从内柱到盖毛原料都须经过严格挑选,以京东雄性黄狼尾为主原料,衬毛的头二衬也选择了石獾的头路毛使用。在制作中精心把握每一道工序,严禁划毫和石灰水脱脂,采用原生态的灰热吸脂法,以确保该笔的"刚"性。

毛笔外观也如"刚"一般尖细挺直,刚强有力,透露出一股桀骜之气。该笔适用于行草及兰花、竹叶的画作,线条游刃有余,笔走龙蛇间透露出力透纸背的力量,有利于形象地将兰叶、竹叶的品格高雅,清新脱俗的神韵与秉性传神地表达,也有利于将行书、草书活脱潇洒的笔墨跃然纸上。

万羊一支

"万羊一支"毛笔取材可谓十分苛刻，于细嫩光锋中的极品长毫，核子锋颖达3.5cm以上，毛长在12cm以上，羊种要求土种山羊无阉割及交配史，食天然草，季节在大雪节令后采集，约万只羊能采集到这一支笔料毛，可谓是"千万毛中捡一毫"，就目前最好的羊种也只能在1%左右。"万羊"者，是为概数，形容其多，更显该笔不可多得。笔头直径26mm×100mm，笔杆选自小叶紫檀、红檀、红酸枝等名贵木材工艺精雕细琢而成，通体色泽光润，光看笔管则足见其价值珍贵。该笔吸墨丰满，是毛笔收藏中的极品。

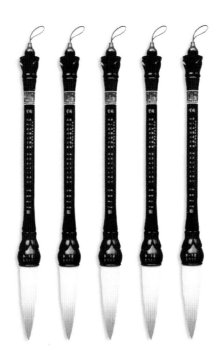

长锋兔须

"长锋兔须"的三种笔头型号,分别为大号笔头直径 12mm×64mm;中号笔头直径 11mm×59mm;小号笔头直径 10mm×54mm,皆具刚柔弹力。毛笔选料极为考究,一支笔的原料大约是百兔长尖所聚,聚尖难,制作更难,经过制笔者的百道工序而成,凝结着制笔者的匠心独运。笔毛性柔带刚,扁毛细致而润,直葫芦式锋尖锥状,美观挺拔,精工巧制,尖、齐、圆、健四德完备。观其外形,天然香妃竹镶嵌花牛角斗挂,纯天然制作原料,特色鲜明,加之金漆描绘精细,构图主次分明,线条如春蚕吐丝,紧劲连绵,凸显高贵典雅,品质上乘,价比黄金,可谓是书家一笔难求的奢侈品。

兼毫笔

兼毫笔,是用两种或两种以上弹性不同的动物毛,按一定比例配制而成的。它是一种介乎柔毫和硬毫之间的中性笔,其特点是软硬适中,刚柔相济。如以三成兔毫和七成羊毫配制而成的"三紫七羊毫",其他如"九紫一羊""七紫三羊""五紫五羊""二紫八羊"等,还有"狼羊毫""紫狼毫""鸡狼毫"各种兼毫,偏硬或偏柔,不同的材料制成不同类型的毛笔,以符合不同书画者的各种爱好。从书画艺术角度来看,选择不同材质的毛笔来表现其个性特色,增加作品的魅力,往往有涉新猎奇的因素。从古至今,全国各派毛笔品种繁多,功能各异,各类兼毫更是数不胜数,扬州之兼毫笔则取长补短,吸收了全国乃至亚洲各派制作元素,达到了一个新的艺术高度,所以在众书法派中享有盛誉。兼毫笔笔头直径从 3—100×20—500mm 不等。从选料到完工,扬州兼毫笔沿用了最古老的制作技艺流程,同时采用高温脱脂等现代科学方法,将传统毛笔的韵味与现代审美相结合,以适应当代书画家的审美及实用需求。

双料写卷

该笔主要原料为山兔的头花毛,因原料珍贵,就其等级而言,较一般毛笔贵重双倍以上,古人谓之"双料"。又用小羊羔毛制作下脚,有黑有白,黑白相间,黑白两清,美观大方,笔头直径 5.5mm×24mm,中强弹力,是蝇头小楷书写工具,亦可画工笔画,其锋力十足,可挥洒自如。

龙凤对笔

"龙凤对笔"取龙凤呈祥之寓意,寄托了制笔者的美好意愿。"龙凤之姿,天日之表。"龙笔笔头直径 15mm×75mm；凤笔笔头直径 12mm×63mm,龙笔配光锋笔加键,凤笔以兔箭毫加键,毛色纯白,无一丝杂质,笔杆花纹以龙凤吉祥装饰点缀,朴实大方,雅俗兼备,书画家运用此笔,得心应手。

笔魁

此笔创作于 2011 年 4 月，主创作者石庆鹏，合作人伍杰锋、赵永航、洪波。制笔者集思广益，突破传统，大胆创造，史无前例。该笔总长 2.53 m，寓意为有史可查的扬州毛笔兴盛 253 年。笔杆材质选用樟木，笔头材质为白马鬃，坚实饱满，笔杆中段长度为 1100mm，纪念扬州毛笔于北宋年间载入史册迄今已 1100 年。笔的总重为 40 公斤，一次吸墨可达 10 公斤，可称为亚洲目前最大的真笔，笔中魁首，当之无愧。该笔可以说是扬州毛笔的代表，凝聚了制笔者们的智慧和汗水，更是对他们历史悠久、文化底蕴深厚的扬州城的回顾与展望。该笔可用于收藏、展示、广场书法表演等，现珍藏于石庆鹏国画笔厂中。

精制白貂笔

精选名贵白貂尾最佳嫩锋约 3%—4% 作为笔尖用料,其笔头 100% 采用了白貂尾毛制作,笔头直径 4.5mm×22mm,强弹力,笔杆配景泰蓝,两端镶嵌水牛角,单支精装,美观大方,是为国内首创,其笔性能刚直有刃,是文房小楷、照相制版、人物线条不可多得的佳品,亦有收藏价值。

六朝妙品

选用南通正宗土种山羊大寒季节雄性光锋毛为主要用料,白天尾和 PBT 丝为辅料,用原生态脱脂方法,科学加健,规格有大号直径 15mm× 外露 68mm、中号直径 13mm× 外露 63mm、小号直径 11mm× 外露 58mm,使用寿命可长达 15000 字无锋损,含墨丰满,刚柔相济,兼收并蓄,宜书宜画,擅长写楷书、隶书、大小、写意、山水作色等。笔杆采用白桦木,鸡翅木工艺杆、经济实惠、美观大方。

长锋墨华

笔头规格：直径 26mm × 外露 105mm，中性弹力。选用南通土种山羊大寒季节粗光锋羊毛为主要用料。白天尾与 PBT 为辅料，科学加健，含墨丰满，刚柔相济，兼收并蓄，宜书宜画，是题匾、楷书的必备用具。笔杆采用紫光檀木精雕细琢兰花形笔斗挂，华丽、端庄、大方，笔杆笔头相得益彰，令人爱不释手。

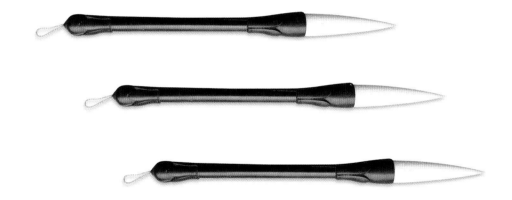

第六讲　扬州毛笔的传承与保护

毛笔,见证了华夏文化和人类文明史。毛笔制作技艺与中国书画艺术息息相关,无笔则无中国书法艺术。千百年来,毛笔为满足人们审美需求和文化需求,发挥了无可替代的作用。扬州毛笔制作技艺,聚业内精粹,显流派风格,其历史、文化、审美、科学研究和工艺价值极为丰厚。

——

毛笔体现了中华民族杰出的文化创造力,在长达几千年的活态传承中,作为一种书写工具,广泛应用于官方与民间,用毛笔所书写的典籍中,承载了难以计量的历史文化信息,用毛笔所创造的各类艺术作品,千古流芳。总而言之,毛笔帮助人们更真实、更全面、更接近本原地去认识已逝的历史及文化。

毛笔与传统书画密不可分。而今,传统书画艺术的存在与发展,同样离不开毛笔制作技艺为其提供源源不断、日臻完善的书画工具,两者相互依存、共同发展、息息相关。毛笔形制的演变,工艺的推进,文化的渗透,

1992年在省电台东方时空节目

澳大利亚籍小朋友任妙音
在扬州毛笔展示馆练习书法

六岁的谢雨甜书法

深深蕴藏着中华民族特有的文化基因以及选择取舍的智慧，这些在长期的生产劳动、生活实践中积淀而成的民族精神，是炎黄子孙的灵魂与民族文化的本质和核心。

中华民族历来就有运用毛笔练习书画，陶冶性情，健身益智的习惯。至今，毛笔仍然是人们日常生活中的必需品之一，随着物质生活条件的改善，人们在追求物质享受的同时也越来越重视精神文化上的享受，笔头的"尖、齐、圆、健"，笔杆的雕龙画凤，或简约大气，或繁复精致，或苍古沉厚，或新颖活泼，传统文化中大量的艺术元素为毛笔文化价值的塑造提供不竭的源泉，同时也体现了中华民族传统的美学思想。

毛笔制作技艺是传统文化的重要组成部分。古代文人视毛笔"不可一日无此君"，毛笔因之成为文人文化的代表，列为"文房四宝"之首。毛笔制作技艺是对是对历史

上不同时代生产力发展状况、科学技术发展程度、人类创造能力和认识水平的原生态的保存和体现。毛笔制作技艺中重要的革新时期，均为中国历史上无数朝代更迭中最鼎盛的时期，毛笔制作能够反映出文化的兴衰，人们的思想认识水平、生活情感态度、科学发达程度、风俗信仰礼仪等社会历史文化内容，具有重要的科学研究价值。

人类是群居的社会化动物，个体都有一个适应集体、融入社会的过程。在当今张扬个性的社会中，人们更多的是追求个体价值的实现、利益和欲望的满足。毛笔制作技艺的宣传和推广有利于人们更好的认识传统文化，宣扬中华民族真善美的传统价值观，产生强大的民族凝聚力。教育部倡导中小学开始书法课，是为了使学生能够接受祖国独特的文化，对其社会价值取得广泛认同，有效地融入社会从而实现社会和谐。

二

随着科技的迅猛发展,各式现代化的书写工具不断涌现,大众更趋向于轻盈、便捷和符合现代审美取向的笔,毛笔已不再是唯一的书写工具,其市场份额日渐减少,严重影响到生存环境。扬州水笔的制作工艺繁难,生存状况日益艰难,虽然已引起各方的重视,但传统技艺的保护仍然存在几个突出的问题。

其一,由于扬州毛笔制作技艺纯手工难度大、原始劳动流程操作,工作环境差、收入偏低,年轻人都不愿意从业,导致传人严重断档,现有从事毛笔生产的技术工人年龄都在50岁以上;其二,由于毛笔生产效益低下,人才奇缺,以及物价、税收等多种因素的制约,很多毛笔企业举步维艰或被逼转向,扬州毛笔出现了供不应求的状况,同时假冒伪劣的毛笔产品充斥市场,给正宗的扬州毛笔带来损害;其三,由于扬州毛笔主要原材料(包括羊毫、狼毫、兔尖、鼠须)以及主要辅助材料(孔麻)的严重缺失或生态变异,给保持扬州毛笔本真性带来危机;其四,由于扬州毛笔制作企业均为个体,给资源整合和协同保护增添了难度;其五,由于保护经费的严重缺乏,影响到多项保护工作的及时有效进行。

为了更好地传承和发展扬州水笔制作技艺,社会各个阶层都给予了高度重视。从1990年至今,国家级制笔艺术大师石庆鹏每年定期对职工和徒工进行理论和技能培训并建立老艺人和专业技术人员相结合的机制,就是为了更好的增进技术,留住人才。

在虹桥坊展示馆里小朋友争写毛笔字

新的徒弟在车间

尽管生存困难，但以石庆鹏为代表的一批任氏水笔传承人们和以江都国画笔厂、扬州兴禄笔刷有限公司、扬州市金荣制笔厂为代表的一批扬州毛笔制作技艺传承保护单位，仍在继续艰难地从事着扬州毛笔的生产和经营，从未放弃。他们不仅保存了完整的传统技艺工艺流程，特别难能可贵的是，恢复了失传多年的鼠须水笔制作技艺。

江都区政府也自2005年以来逐年加强对非物质文化遗产传承、保护工作的力度，其中扬州毛笔制作技艺更是重点项目之一。他们通过普查、收集、考证、研究，初步理清了扬州毛笔制作技艺的历史发展脉络，收集整理出一批相关资料、实物，并予以存档和保存。在扬州市江都区国画笔厂，建有一座扬州毛笔制作技艺陈列室，常年对社会开放。

通过多方面的努力，1996年经国家轻工部质量检测认定，扬州毛笔全部符合部颁行业标准。扬州市江都区国画笔厂注重扬州毛笔品牌的升级与保护，其单位生产的扬州毛笔于1996年10月在澳门荣获国际金奖；2000年11月被国家轻工部行业协会认定为国家名牌产品"十大名笔"；2002年10月荣获"国家金奖"；2002年—2006年两次荣获"国之宝"称号。

三

对扬州水笔的保护与发展，不能只停留在对历史资料进行研究，也不仅是向博物馆提供一些展品，而是要通过科学的方针和政策保障，增进毛笔制作技艺自身的可持续发展能力，确保这项遗产自身的生命力。

当前扬州水笔市场不景气，传承人青黄不接，原材料珍贵稀少，正处于一种濒危的状态，水笔制作技艺的脆弱性和不可再生性，决定了我们必须把抢救和保护工作放在第一位。一系列的保护措施应当坚持"保护为主、抢救第一、合理利用、继承发展"的工作方针，建立健全"扬州毛笔制作技艺"保护工作制度及机制，努力继承和弘扬民族文化精品。坚持"政府主导，全社会共同参与"，注重"原真性、整体性、活态性"的保护。在取得既有成效的基础上，针对面临的挑战，规划目标，分解任务，抓好落实，正确处理好保护与利用，传承与发展之间的关系，使"扬州毛笔制作技艺"项目的保护达到预期效果。

保护工作并不是一朝一夕，在正确方针和原则的指导下，必须深入民间进行田野调查、考证，建立起比较完备的扬州毛笔制作技艺保护体系，以及与之相适应的保护机制。真实、系统、全面地记录该项目，建立档案和数据库，并适时纳入资源共享工程。

在既不改变其按内在规律衍变生长的过程，又不影响其未来发展的前提下，合理利用，尽可能寻找生产性保护的方式，良性开发。建立一支传承、保护、生产、管理的人才队伍。对扬州毛笔制作技艺的历史、文化及其艺术特征进行深入理论研究，扩大传播，注重解读其精神内涵，让扬州毛笔制作技艺走进千家万户。创作一批既保持、发扬传统特色，又融入时代气息和精神的扬州毛笔精品。

此外，任何民族、社区或地域的文化遗存都具有群体性特征和地域文化特征。因此，通过建立一处集原材料供应、生产经营、传承传播以及展示、研究等多项功能的扬州毛笔生产性保护基地，建立一座扬州毛笔博物馆等方式，从保护方式和生态保护两方面取得整体性保护效果。

四

在保护和发展扬州水笔制作技艺的实践中，坚持正确的保护原则和保护理念是做好保护工作的必不可少的前提，但真正要使工

在全国第九个"非遗"日演示

扬州水笔在南京参加相关展览会

扬州代表团在南通参加江苏省"非遗"精品展

作落到实处且卓有成效,还应该采取具有针对性的措施。在充分认识到抢救与保护扬州水笔制作技艺必要性和紧迫性的同时,对遗产进行价值评估,更要以深远的战略眼光做出保护规划。

为此,江都区对扬州水笔这一项目做了长达十年的保护规划,保护工作分两个阶段,在 2014 年到 2017 年着重做到摸清现有状况、扎实基础工作;2018 年到 2023 年,要在前 5 年的工作基础上循序渐进,建立各种保护基地和扬州毛笔博物馆,恢复高难度笔的制作技艺,旨在推动扬州毛笔的可持续发展。

实施抢救性保护。扬州毛笔制作技艺源远流长,工艺的衍化、传承仅靠前辈的口传心授,其史籍记载极少。针对如今传承人年事较高,一些传统技艺濒临消失的状况,必须抓紧时间进行收集、记录、整理、认定、研究。组织一次对扬州毛笔制作技艺资源分布及保护现状的普查并形成一份内容详实,脉络清晰的《关于扬州毛笔制作技艺资源分布及保护

在扬州向市民展示毛笔

现状的调查报告》,将已收集到的资料和实物进行归类和整理,充实扬州毛笔制作技艺档案室。

当代开展传承、保护、发展等各项活动的资料积累也十分重要,其整理、归档工作要做到真实、全面和不间断。配合文物部门对已收集、认定的相关实物、场所进行保护。

积极帮助符合条件的毛笔制作艺人申报各级"非遗"项目代表性传承人资格并为他们开展传承、传播活动,提供必要的传承场所;提供必要的经费资助;支持其参与社会公益性活动以及提供其他形式的帮助。

对年迈体衰的老艺人,关心他们的生活、健康,及时发放传承人生活补助;推荐并尊重传承人的意愿选择带徒,继续实施"师带徒津贴"的政策;聘请专家学者帮助他们总结艺术创作经验,并运用文字、图片、录像等手段将他们的创作过程和独特技艺完整地记录下来;鼓励他们多创作精品,其中部分精品可由地方财政拨付专项经费收

在扬州文化馆接受领导颁发证书

在中国文房四宝第五届理事会上介绍扬州毛笔

购；对于六十岁以上的制笔传承人，保护单位组织其个人作品展、学术研讨会、出版个人作品集。

实施整体性保护。所谓整体性保护，是对项目全面、整体地认识，并进行有效的保护，是对其保存、保护、传承、传播全方位的保护。通过实施整体性保护，形成保护链，确保扬州毛笔制作技艺在"活态"中传承、发展。

扬州毛笔制作技艺的保护工作要迈向社会，动员全社会各方面的力量，为项目的保护献计出力：在宣传媒体开辟"扬州非遗"报刊专栏，请专家学者撰写文章，系统介绍扬州"非遗"文化，其中包括扬州毛笔制作技艺；开辟"探索与研究"电视栏目，集中展现扬州"非遗"形象；每年结合各种书画展览和赛事，开展一至两次扬州毛笔推介活动；大力实施"名笔与名家""名笔与名画"工程，突出笔与书画之间的关联宣传。

扬州毛笔因其特征鲜明，质量上乘，品位高雅，风采独具而受到消费者的普遍青睐。传承保护扬州毛笔制作技艺，既是保存了不可磨灭的历史文化记忆，也是对传统文化精髓的承续和弘扬。扬州毛笔制作技艺需要在广大民众中取得广泛认同，继承和维护自身的流派特征，是对其进行整体性保护的一个重要标准。加强专业人员队伍的建设，结合评选扬州制笔大师，每年开展一次专业技能竞赛，建立扬州毛笔制作技艺传习所。恢复"湘江一品""天香深处""乌龙水""元笔"等扬州毛笔名品的制作和生产，为扬州水笔制作技艺的传承和保护提供保障。

扬州毛笔制作技艺是一种民俗文化，生成与发展在民间，传承与保护也在民间。因此需加强全民教育，提高民众保护意识。人们群众是遗产的创造着也是遗产的保护着，无论多么美好的蓝图如果没有广泛的群众基础都只能是官员们的一厢情愿。面向书法爱好者以及普通民众，每年举办一至两次扬州毛笔制作技艺专题讲座，制作一部全面反映扬州毛笔制作工艺的电视艺术片是十分必要的。通过新闻媒体,加强舆论宣传,调动广大群众的积极性,使人人都懂得保护扬州水笔制作技艺的重要性,让群众明白为什么要保护,怎样保护,让保护进入人们的日常生活,在全社会形成喜爱和保护扬州水笔的风气,使每一位市民都为拥有如此的文化遗产而自豪。在广大青少年中加强传统文化的教育,增进学生的民族文化知识和乡土文化观念。将扬州毛笔制作技艺编入中小学乡土文化教材,同时将书法学习纳入小

律的保护方式、保护扬州毛笔制作技艺的重要举措。

实施生产性保护。发挥"非遗"资源的特殊优势,以有效传承"非遗"的工艺流程和核心技艺为前提,正确处理好继承与创新、保护与利用、传承与发展的关系,推动"非遗"融入当代社会、融入民众、融入生活,在合理利用和振兴发展中实现对扬州毛笔制作技艺最有效的保护。对扬州毛笔制作技艺进行开发利用应当尊重其形式和内涵,保持本真性,不贬损和歪曲,并有利于可持续发展。

在扬州毛笔新书发行座谈会上

学校本教材和综合素质评价体系。通过这些有益的探讨,增进扬州水笔制作技艺与人们生活的联系。

将扬州毛笔制作技艺从单个项目的保护提升到与其依存的环境进行整体性保护。当前生态环境恶化,好的孔麻和毛料十分稀少,建立原材料生产基地,加强传承、展示、研究、生产等保护设施建设,营造保护传统工艺美术的良好氛围,是遵循"非遗"传承和发展规

在保持其本真性的基础上合理利用。通过生产、流通、销售等方式,将扬州水笔制作技艺转化为产品和生产力,并与"非遗"保护工作形成良性互动;促进扬州毛笔制作技艺与现代旅游产业相结合,拓宽传统毛笔领域,支持毛笔旅游产品研发,特色旅游毛笔商店建设;强化市场引导,由政府出资收购用于展示和收藏,同时进行适当的复制,以满足一般消费者的需求;除独立成为工艺消费品外,

江都国画笔厂"非遗"精品展示厅

与墨、纸、砚、书画作品、艺术品相结合,满足不同层次人群的需求。

增强艺术交流,提升毛笔制作技艺在艺术上的价值和品位。加强对扬州毛笔制作技艺的研究,鼓励和支持传承人在传承传统技艺、坚持传统工艺核心流程完整性和核心技艺真实性的基础上,对技艺有所创新和发展,促进传统技艺在动态保护中发扬光大。加强对扬州毛笔制作技艺保护方法的研究,组织一次由专家学者、毛笔生产企业负责人和经销商代表、书画家和学校书法教师参加的扬州毛笔制作技艺理论研讨会,对扬州毛笔制作和应用的历史、文化、技艺作深入研究和探讨,并将相关论文结集出版,从理论上对扬州水笔制作技艺进行全面的论析,形成一套具有指导性、可操作性的较完整的理论学说,为扬州水笔制作技艺保护工作提供理论支撑。

十年规划目标是不可分割的有机整体,具有连续性和相互关联性,前五年侧重基础工作,后五年重在持续发展和提升。十年中所开展的各项活动,都是为了保持该项目的活态传承和可持续发展。

规划中各项保护目标紧密关联,形成了一个有机的保护链,任何一个环节的松弛都会给整体保护带来损害。实施整体性保护,必须对保护对象及所有保护内容的全覆盖。注意保护内容之间的相互关联和互为依存的关系;始终保持扬州毛笔制作技艺的本真性,深刻理解并揭示其精神文化内涵;探索并遵循其传承、衍化、发展的客观规律,健康有序地推进规划目标的实现。

五

如同每个机构都有后勤保障部门一样,保护工作的深入开展,也需要有坚强的后续力量。这种力量为工作的执行提供政策、人才、经济上的保证,给扬州水笔制作技艺的抢救和保护工作奠定基础。

坚持长远规划,提供有力的政策引导。在《非物质文化遗产法》、《江苏省非物质文化遗产保护条例》和各级政府部门出台的相关政策引导下,制定和完善长期规划,并做好与各方面法律、法规、条例、纲要以及其他领域或行业相关规划的科学对接;对应长期规划所确定的阶段性目标,每年制定详细的年度计划和具体任务实施方案,明确具体工作节点和相应责任部门、责任人等,确保本规划实施的科学化。

建立由政府主管部门、行业协会、专家学者、代表性传承人以及相关主要传承单位负责人参加的保护工作领导小组,负责该项目传承、保护、发展工作中的协调、指导、督察、考核、评估。

建立扬州毛笔制作技艺专业委员会,充分发挥其协调、指导作用,明确江都国画笔厂为该项目主要传承保护责任单位,协同其他相关传承机构或单位、代表性传承人或传承群体为实现规划目标而共同努力,同时鼓励和吸纳公民、法人和其他组织参与该项目的保护工作。

建立激励机制,落实奖惩措施。对在扬州毛笔制作技艺保护工作中做出显著贡献的组织和个人,按照国家有关规定予以表彰、奖励;对致力于学习、传承、保护扬州毛笔制作技艺项目的新一代传承人给予适当资助,有利于他们安心学习和传承;对保护规划的实施情况随时进行监督检查,发现保护规划未能有效实施应当及时纠正、处理;对在保护工作中玩忽职守,给实施规划带来严重影响的,依法给予处分;对该项目代表性传承人无正当理由不履行规定义务的,可

在扬州展示扬州毛笔制作技艺保护成果

提请文化主管部门取消其代表性传承人资格，重新认定代表性传承人，丧失传承能力的也可提请文化主管部门重新认定代表性传承人；对严重损毁非物质文化遗产者，依法给予处分，情节严重者可报请有关部门依法给予治安处罚。

运用物价、税收、劳动工资等经济杠杆，推动扬州毛笔制作技艺的传承和保护；通过行业协会、扬州毛笔专业委员会等组织机构，促进业内不同体制企业间的联手和合作，调动各个方面的力量为传承保护该项目和满足市场需求做贡献；通过艺术形式上的创新，积极探索与毛笔相关联的转型产品，包括开辟与旅游文化相结合的毛笔工艺品，以满足多层次、多种类消费群体的需求。

坚持以人为本，强化人才培训。扬州毛笔制作技艺的代表性传承人的队伍要通过逐年申报、认定、命名的程序，逐步形成国家、省、市级合理的阶梯式人才结构。对目前尚年富力强的传承人，要有计划地实施素质教育，分批分期地选送他们去大专院校或专业培训班学习深造。今后的传承人应该是高素质、高技能人才，招收的从业人员起点要适当提高，不仅要有中专以上的学历，而且应有美术方面的基础。

扬州毛笔制作技艺的人才队伍应包括：各级代表性传承人及其后备人才，扬州毛笔制作技艺各传承保护单位中的从业人员和管理人员，各社区中的爱好者队伍以及中小学中的专业教师等。

实施规划需要有足够的经费支撑，规划期内的经费来源主要有：争取国家、省财政拨付的保护资金；争取省文化产业发展引导资金；地方财政每年拨付一定数额的专项保护资金；市政府传统工艺保护发展基金中的专项扶持资金；多渠道筹集和吸纳的社会资金；实施生产性保护每年所创造的纯利润中提留的保护经费（不少于20%）；实现产品销售依法享受国家规定的税收优惠则全部用于保护经费。保护经费的使用必须精打细算，勤俭节约，专款专用，定期审计。

石庆鹏艺术年表

1965 年 7 月	在花荡光明毛笔厂学徒
1968 年 7 月	调江都镇毛笔厂继续学习制笔
1981 年 12 月	创建江都市国画笔厂,并任厂长至今
1986 年	被中国文房四宝协会吸收为会员
1986 年	"龙川牌"毛笔在澳门荣获"国际金奖"
1996 年	当选中国文房四宝协会理事
2000 年 11 月	当选中国文房四宝协会常务理事
2005 年	获得国家发明专利三项
2005 年 10 月	赴台湾参加海峡两岸文化艺术交流
2006 年 8 月	当选中国文房四宝协会副会长
2008 年	扬州毛笔制作技艺被列入"扬州市级非物质文化遗产代表作名录"
2009 年	获得国家级"制笔艺术大师"荣誉称号
2009 年	获得扬州市"工艺美术大师"荣誉称号
2009 年	扬州毛笔制作技艺被列入"江苏省级非物质文化遗产代表作名录"
2009 年	被命名为"扬州市级非物质文化遗产代表性传承人"
2010 年	扬州毛笔制作技艺被列入"国家级非物质文化遗产代表作名录"
2010 年	被命名为"江苏省级非物质文化遗产代表性传承人"
2011 年	被命名为"国家级非物质文化遗产代表性传承人"
2011 年	制成亚洲第一巨笔"笔魁"
2012 年 4 月	制作的高档名笔"宫廷一品"获得"国家金奖"

2012 年 10 月	制成极品毛笔"双龙戏珠笔"
2013 年	制作的高档鼠须名笔获得"国家金奖",在全国第 48 届工艺博览会上荣获"金凤凰奖"
2013 年	被评为江都"十大能工巧匠",获"扬州市文学艺术家"称号
2014 年 6 月	编著的《美在人间永不朽:扬州毛笔》一书出版发行
2014 年 7 月	被评为"扬州市十佳民间艺人"

主要参考书目

相关书籍

1. 苏易简 .《文房四谱》[M]. 北京：中华书局,2011.

2. 朱关田 .《中国书法史·隋唐卷》[M]. 江苏教育出版社,2002 年 .

3. 丛文俊 .《中国书法史·先秦、秦代卷》[M]. 江苏教育出版社,2002 年 .

4. 沉石 .《四宝精粹》[M]. 北京：中国文联出版社,2009.

5. 余春雷 .《名笔》[M]. 上海：上海书店出版社,2003.

6. 李兆志 .《中国毛笔》[M]. 北京：新华出版社,1994.

7.〔清〕阿克当阿 .《嘉庆重修扬州府志》[M]. 扬州：广陵书社,2006.

8. 朱华锦 .《江都县志》[M]. 南京：江苏人民出版社,1996.

9. 扬州工艺厂 .《扬州工艺美术志》[M]. 南京：江苏科学技术出版社,1993.

10. 王文章 .《非物质文化遗产概论》[M]. 北京：文化艺术出版社,2006.

11. 陆苏华 .《扬州首批非物质文化遗产概览》[M]. 扬州：广陵书社,2008.

12. 扬州市文化广电新闻出版局 .《江苏省国家级非物质文化遗产项目扬州毛笔制作技艺中长期保护规划》[G]. 扬州：文献汇编,2013.

13.〔元〕王恽 .《秋涧集》卷第五,四部丛刊景明弘治本 .

14.〔明〕平显 .《松雨轩诗集》卷三,清嘉庆宛委别藏本 .

15.〔清〕李斗 .《扬州画舫录》[M]. 济南：友谊出版社,2001.

16. 石庆鹏,王克《美在人间永不朽——扬州毛笔》[M]. 扬州：广陵书社,2014.

相关期刊论文

1. 朱友舟.《中国古代毛笔研究》[D].南京：南京艺术学院,2012.

2. 沈洪利.《毛笔与中国山水画》[D].重庆：西南大学,2006.

3. 戴文俊.《毛笔演变与工笔画的发展初探》[D].北京：首都师范大学,2006.

4. 薛理禹.《毛笔源流初考》[J].《寻根》,2009,02：82-87.

5. 陈玺.《从〈草堂雅集〉看元末江南文人书法状况》[J].《书画世界》,2014,01:81-82.

6. 朱友舟.《毛笔选择对书法创作的影响浅议》[J].《书画世界》,2011,02:54-61.

7. 李正庚.《毛笔与簪笔》[J].《装饰》,2008,02：116-117.

后 记

　　《美在人间永不朽：扬州毛笔》一书出版发行后，受到普遍好评。然而细读之后，似仍不满足，是书由于受其篇幅影响，又顾及到内容盖全，阐述不够细腻，于是产生了新编一部能够较详尽地表现扬州水笔制作技艺专著的创作冲动。

　　石庆鹏大师是扬州水笔制作技艺的杰出代表，他多年来致力于扬州水笔制作技艺的研究和实践。当前，编辑出版代表性传承人专著也是"非遗"传承与保护工作的一个组成部分。为此，我们将这部书的编写角度定位为《石庆鹏制笔艺术六讲》。

　　本书的结构方式有点别出心裁，是为一种尝试。概述部分是对石庆鹏制笔生涯的概括与描述，其他六章则全面论述了扬州毛笔制作技艺的历史、文化、技艺、艺术及特征和价值，既可独立成章，又可浑如一体。

　　此书在编写过程中，继续得到了许多专家学者和传承人的指点，得到了各级文化主管部门的支持和帮助，相关媒体和读者朋友们提出了许多有益的建议，在此一并表示感谢。

　　由于编者水平有限，疏漏或错误，也在所难免，敬希读者批评指正。

编 者

二〇一四年七月